Ritter / Menzel / Müller

Homestudio Klartext

Lars Ritter
Raik Menzel
Daniel Müller

Homestudio Klartext

Vom ersten Take zum fertigen Mix

HANSER

MIX
Papier | Fördert gute Waldnutzung
FSC® C016368

Print-ISBN: 978-3-446-48685-0
E-Book-ISBN: 978-3-446-48686-7
E-Pub-ISBN: 978-3-446-48733-8

Bibliografische Information der Deutschen Nationalbibliothek:
Die Deutsche Nationalbibliothek verzeichnet diese Publikation in der Deutschen Nationalbibliografie; detaillierte bibliografische Daten sind im Internet unter http://dnb.d-nb.de abrufbar.

Vilshofener Straße 10 | 81679 München | info@hanser.de
www.hanser-fachbuch.de
Lektorat: Frank Katzenmayer
Herstellung: Eberl & Koesel Studio, Kempten
Coverkonzept: Marc Müller-Bremer, www.rebranding.de, München
Covergestaltung: Max Kostopoulos
Titelmotiv: © AdobeStock / Ranju
Satz: le-tex publishing services GmbH, Leipzig
Druck: Elanders Waiblingen GmbH, Waiblingen
Printed in Germany

Inhalt

Die Autoren

Mag. Lars Arnold Ritter, MBA, M. Sc., ist aktiver Hochschuldozent und promoviert derzeit in Wirtschaftsinformatik. Er forscht zu Erwachsenenbildung und digitalen Lernsystemen und entwickelt ein eigenes Learning-Management-System mit Fokus auf wirksame Lernprozesse im Berufsalltag. Seine Arbeit verbindet didaktische Klarheit mit technischer Systematik und setzt dort an, wo Lernen messbar, motivierend und nachhaltig funktionieren muss. Er publiziert regelmäßig in wissenschaftlichen Fachzeitschriften und bringt aktuelle Forschung konsequent in die Praxis. Unter dem Namen „Studienflüsterer" begleitet er in den sozialen Medien Studienentscheidungen, ordnet Bildungswege ein und übersetzt komplexe Anforderungen in klare, umsetzbare Schritte. Dabei stehen Orientierung, Struktur und eine praxisnahe Umsetzung im Mittelpunkt.

Raik Menzel, M. Sc., ist Audio-Engineer und Studioinhaber. Als Gründer von NoName Records und Betreiber des Tonstudios Grind Audio begleitet er seit über zehn Jahren Produktionen vom Recording bis zum finalen Master. Er steht für klare Entscheidungen im Mix, saubere technische Umsetzung und Ergebnisse, die sich auf unterschiedlichen Wiedergabequellen konsistent übersetzen. Neben der Studioarbeit realisiert er geförderte Musik und Audioprojekte mit Jugendlichen und bringt professionelle Standards in die praktische Arbeit. Ergänzend publiziert er Fachbeiträge im Bereich Audio-Engineering auf Open-Access-Plattformen und setzt sich für freien Zugang zu fundiertem Fachwissen ein.

Daniel Müller, M. Sc., ist Medien- und Audioexperte mit mehr als 20 Jahren Erfahrung in Tontechnik, Medienproduktion und Erwachsenenbildung. Er verantwortet Ausbildung, entwickelt Lehrkonzepte, verfasst Lehrskripte und führt mehrere Medienunternehmen als Geschäftsführer. Seine Arbeit verbindet Produktionspraxis in Studio, Live- und Postproduktion mit didaktischer Klarheit und verlässlichen Prozessen. Er vermittelt Technik so, dass sie in der Umsetzung funktioniert und erkennbar bessere Ergebnisse ermöglicht.

Die Autoren danken David Merkl (MSM Studio Group Ltd.) für die Bereitstellung von Fotos und Heiko Winter für die Mitgestaltung des verwendeten Bildmaterials für das vorliegende Buch.

Warum dich dieses Buch gut klingen lässt

Willkommen

Dieses Buch ist für alle, die im Homestudio Musik mischen, aufnehmen und produzieren wollen und dafür eine klare, praktische Anleitung suchen. Du bekommst keinen staubigen Wälzer, sondern einen Werkzeugkoffer. Wir gehen Schritt für Schritt vor: von den Grundlagen über die wichtigsten Werkzeuge bis hin zu konkreten Routinen, die du sofort umsetzen kannst. Du brauchst keine teuren Geräte. Du brauchst Entscheidungen in der richtigen Reihenfolge, eine ruhige Arbeitsweise und ein Gehör, das jeden Tag ein wenig schärfer wird.

Ein Audio-Engineer beim Aufhängen eines Mikrofons

Für wen ist das Buch?

Für Homestudio-Besitzerinnen und Homestudio-Besitzer, die studieren oder ein Studium planen, die die Basics kennen und praxisnah tiefer eintauchen wollen. Wenn du dich schon einmal in Plug-ins verloren hast, statt Musik zu machen, bist du hier richtig. Wenn du wissen willst, wie man aus gängigen Mitteln verlässliche Ergebnisse holt, ebenfalls.

So arbeitest du mit diesem Buch

Jedes Kapitel beginnt mit einer kurzen Einleitung, definiert die wichtigsten Begriffe in einfacher Sprache, führt dich dann durch den Hauptteil mit anschaulichen Beispielen, fasst zusammen, gibt dir eine kleine Praxisstrecke und leitet zum nächsten Kapitel über. Lies die Kapitel und setze einzelne Schritte direkt in deiner eigenen Session um.

Richte dir ein Projekt namens „Lernwerkbank" ein. Dort probierst du jede Anweisung und jeden Tipp einmal aus, bevor du sie in echten Produktionen verwendest.

Was du dafür brauchst

Ein Audioprogramm, genannt DAW (Digital Audio Workstation), deiner Wahl, ein Audiointerface, ein Paar vernünftige Kopfhörer oder kleine Nahfeldmonitore, ein Mikrofon für Vocals und ein wenig Zeit am Stück. Mehr ist es nicht. Alles Weitere ist Methode.

Im Bereich DAW gibt es nahezu unendliche Möglichkeiten

Nicht die Menge der Tools macht dich effizienter, sondern die Routine und die Klarheit der Schritte.

Was du erwarten darfst

Hier findest du klare Startwerte statt Mythen, kleine Merksätze statt Formeln, Beispiele aus typischen WG-Zimmern. Du lernst, wie du mit wenigen Reglern viel erreichst, wie du Fehler systematisch findest, wie du deine Abhöre kalibrierst und wie du Aufnahmen so vorbereitest, dass dir der Mix leichter fällt. Das Ziel ist eine Arbeitsumgebung, die zuverlässig ist, und ein Workflow, der dir den Rücken freihält.

Wie du Erfolg misst

Nicht an der Zahl deiner Plug-ins, sondern daran, wie selten du dich verirrst und wie zuverlässig deine Mixes auf Handy, Kopfhörer, Auto und kleinen Lautsprechern funktionieren. Wenn du regelmäßig in leiser Lautstärke zufrieden zum Takt nickst, bist du auf Kurs.

Dein erster Schritt jetzt

Lege dir ein Startprojekt an, lies die ersten Kapitel und richte danach die Abhöre und Referenzen ein. Ab dem Moment, an dem du zuverlässig abhören kannst, macht der Rest mehr Spaß.

Das Buch wie auch deine Arbeit als Engineer leben von Routine und Wiederholungen. So werden manche Vorgehensweisen beabsichtigt mehrfach genannt.

Auch wenn ungefähre Werte in diesem Buch angegeben werden, raten wir davon ab, Einstellungen zu kopieren. Versuche besser zu verstehen, was das Audiosignal benötigt. Templates und das Kopieren von Einstellungen machen dich handwerklich nicht besser.

1 Das Tonstudio: Grundlagen und Homestudio-Basics

Früher stand ein Tonstudio für große Räume, teure Mischpulte und jede Menge Equipment. Heute entsteht sehr viel Musik in der eigenen Wohnung. Ein Laptop, ein Interface, ein gutes Paar Nahfeldmonitore oder ein verlässlicher Kopfhörer und ein sinnvoll eingerichteter Arbeitsplatz reichen, um professionell zu arbeiten. Der wichtigste Schritt ist dabei nicht der Kauf der nächsten Plug-in-Kollektion, sondern die Frage: „Was höre ich an meinem Platz wirklich?“

In diesem Kapitel bauen wir diese Grundlage sorgfältig auf. Wir ordnen, welche Geräte du wirklich brauchst, wir richten die Abhöre so ein, dass deine Entscheidungen in anderen Umgebungen bestehen. Zudem verankern wir einfache Hörgewohnheiten, die dich in Studienprojekten und bei eigenen Veröffentlichungen schneller ans Ziel bringen. Erst wenn diese Basis steht, lohnt der Blick auf Werkzeuge wie Equalizer (siehe Kapitel 6), Kompressor (siehe Kapitel 7) und Hall. Genau dorthin führt uns die Überleitung am Ende.

Bild 1.1 Ein Audio-Engineer im Homestudio

Gute Mixes entstehen nicht aus Glück, sondern aus einer verlässlichen Abhörsituation und klaren Hörentscheidungen.

Damit wir dieselbe Sprache sprechen, klären wir die wichtigsten Begriffe sofort und verständlich. Ein Tonstudio ist ein Arbeitsplatz, an dem du Audio aufnimmst, bearbeitest, mischst und masterst. Ein **Homestudio** ist die kompakte Variante zu Hause. Meist arbeitest du „in the box". Das bedeutet, die Werkzeuge laufen als Software in der Digital Audio Workstation (DAW). Manche kombinieren zusätzlich analoges Outboard. Das nennt man „hybrid". Mit Abhöre ist dein Wiedergabesystem gemeint. Dazu gehören Lautsprecher und Kopfhörer, die dir eine ehrliche Ansicht des Klangs liefern sollen. Der **Sweetspot** ist der Punkt im Raum, wo die Abhöre am besten funktioniert und der Klang so wahrgenommen wird, wie er von den Lautsprechern erzeugt wird. Dort sitzen wir beim Beurteilen. Das Stereodreieck ist die Grundaufstellung von linkem Lautsprecher, rechtem Lautsprecher und Kopf als gleichseitiges Dreieck. **Nahfeldmonitore** sind Lautsprecher für kurze Distanzen. Sie sind ideal für kleine Räume, weil der Direktschall überwiegt und der Einfluss des Raums kleiner wird.

Der Aufbau eines Homestudios beginnt mit einer ehrlichen Bestandsaufnahme. Was brauchst du wirklich? Einen Computer mit einer stabilen DAW, die du gut beherrschst. Ein Audiointerface, das sauber wandelt und zuverlässige Treiber bietet. Ein Paar Nahfeldmonitore und einen Kopfhörer, mit dem du lange konzentriert arbeiten kannst. Ein solides Mikrofon mit Popschutz, Stativ und Kabeln. Und ein Arbeitsplatz, der dich zum Hören einlädt.

Bild 1.2 Ein Standard-Arbeitsplatz im Audiobereich

Lautsprecher verstehen, passend wählen und bewusst platzieren

Lautsprecher sind deine akustische Brille. Wenn die Brille verzerrt oder schief sitzt, wirst du falsch einstellen. Es gibt unterschiedliche Gehäusekonzepte, die dir im Alltag helfen, den Klang einzuordnen. Geschlossene Gehäuse liefern oft eine präzise Basskontrolle und ein sehr gutes Impulsverhalten. Dafür spielen sie im Tiefbass meist zurückhaltender.

Bild 1.3
Bei dem Neumann KH 310 handelt es sich um einen geschlossenen Abhörmonitor

Bassreflex-Gehäuse besitzen eine Öffnung. Diese Bauart holt bei gleicher Größe mehr Tiefton heraus, wirkt aber manchmal weicher und weniger kontrolliert.

Bild 1.4
Bei den Neumann KH 150 handelt es sich um Abhörmonitore mit einer Bassreflex-Öffnung

In kleinen Regieräumen ist Präzision meist wichtiger als pure Menge. Darum sind neutrale Nahfelder mit kontrolliertem Bass häufig die beste Wahl. Entscheidend ist allerdings weniger das Modell, sondern deine Aufstellung.

Das **Stereodreieck** bildet die Grundlage. Der Abstand zwischen den beiden Boxen entspricht dem Abstand von jeder Box zu deinem Kopf. In vielen Zimmern liegt das zwischen etwas mehr als einem Meter und knapp zwei Metern. Die Hochtöner gehören auf Ohrenhöhe. Wenn deine Lautsprecher liegend aufgebaut sind, prüfe in der Anleitung, wie sie gedreht werden sollen, damit die Abstrahlung passt. Beide Lautsprecher werden leicht auf den Hörplatz eingewinkelt, sodass sie auf deine Ohren zielen. So entsteht eine stabile Phantom-Mitte. Achte auf symmetrische Bedingungen! Der Abstand des linken Lautsprechers zur linken Wand und des rechten Lautsprechers zur rechten Wand sollte möglichst gleich sein. Die Wände sollten über ähnliche Oberflächen verfügen. Damit verhinderst du, dass die Mitte wandert.

Ein weiterer Punkt ist der Abstand zur hinteren Wand und zum Tisch. Je näher eine Box an der Wand steht, desto stärker wird der Bassbereich angeregt. Prüfe die Empfehlung des Herstellers und arbeite in kleinen Schritten. Wenige Zentimeter machen oft hörbare Unterschiede. Der Tisch wirkt wie ein Spiegel für frühe Reflexionen. Das kannst du mindern, indem du die Abhörmonitore auf Stative stellst oder mit stabilen Pads leicht anhebst und entkoppelst. Ein sauberer Aufbau ist kein Luxus, sondern aktives Klangdesign.

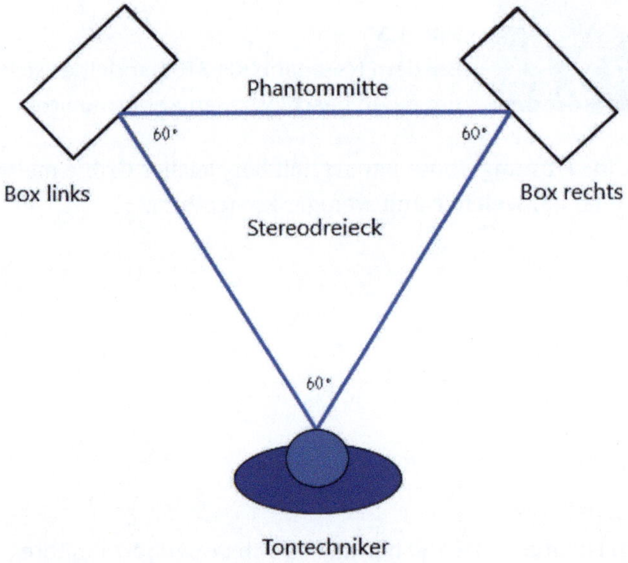

Bild 1.5 Ein optimales Stereodreieck

Kopfhörer sind nicht die Konkurrenz zur Box, sondern die Ergänzung. **Geschlossene Kopfhörer** dichten nach außen ab und sind ideal beim Recording, weil das Playback nicht ins Mikrofon überspricht. Allerdings werden die Ohren hier bei längeren Sessions sehr warm.

Bild 1.6
Bei den Beyerdynamic DT-770 Pro handelt es sich um geschlossene Kopfhörer

Offene Kopfhörer lassen Luft und Umgebung herein. Sie sitzen meist bequemer, zeigen Rauminformationen und feine Hallfahnen sehr transparent und entlarven harte Höhen zuverlässig.

Bild 1.7
Bei den Sennheiser HD 650 handelt es sich um offene Kopfhörer

Halboffen sitzt zwischen beiden Welten. Für das Einpegeln und Editieren angenehm, für die Aufnahme weniger geeignet, weil immer etwas Klang nach außen dringt.

Bild 1.8
Beim Beyerdynamic DT-1990 Pro handelt es sich um einen halboffenen Kopfhörer

Im Alltag lohnt sich eine klare Aufgabenteilung. Mit Lautsprechern triffst du Entscheidungen über Balance, Tiefenstaffelung und Grobdynamik. Und mit den Kopfhörern prüfst du das Ergebnis gegen.

Zwei Perspektiven sind besser als eine. Nutze mindestens eine Referenzabhöre, um sicherzustellen, das der Mix funktioniert.

Der Raum als stiller Mitproduzent

Kein Lautsprecher klingt isoliert. Der Raum spricht immer mit. Besonders die ersten Reflexionen an Seitenwänden, Tisch und Decke verwischen die Ortung. Du brauchst dafür keine teure Speziallösung. Schon ein dichter Vorhang, ein volles Bücherregal und ein Teppich an den richtigen Stellen mindern akustische Probleme. Die tiefen Frequenzen bilden gern stehende Wellen. Darum ist der Platz des Hörers wichtig. Sitze nicht in der exakten Raummitte, sondern leicht davor. So reduzierst du störende Moden. In kleinen Zimmern erreichst du mit wenigen konsequenten Handgriffen mehr als mit dem nächsten Kauf. Wichtig ist, dass links und rechts ähnliche Bedingungen herrschen. Symmetrie schafft Vertrauen in die Mitte und damit in jede Panoramaposition. Klar, derartige Eingriffe ersetzen keinen optimierten und eingemessenen Raum, allerdings verbessern sie deine vorhandenen Mittel. Grundsätzlich ist es ratsam, eher in die Raumakustik zu investieren als in bessere Technik.

Arbeite zuerst an der Position, Symmetrie und dem Winkel. Dies bringt oft mehr als der spontan gekaufte Schaumstoff.

Bild 1.9 Akustikelemente im Tonstudio

Hören wie ein Profi: Pegel, Referenzen, Mono und Pausen

Selbst die beste Aufstellung hilft wenig, wenn du unpraktisch hörst. Trainiere dir drei einfache Gewohnheiten an. Höre überwiegend leise. Leises Hören entlarvt zu fette Bässe und übertriebene Höhen. Für kurze Momente darf es laut sein, dann kehre wieder in die Arbeitslautstärke zurück. Lege zwei oder drei Referenztitel in deine Session, die du gut kennst. Pegle sie an dein Projekt an, damit du fair vergleichst. Ein kurzer Blick nach links und rechts zum Referenztitel kalibriert dein Ohr und verhindert, dass du dich in Details verlierst. Schalte regelmäßig auf Mono. Wenn Kick und Bass dann noch sauber übereinanderstehen und die Stimme nicht verschwindet, wird dein Mix auf vielen Systemen bestehen. Und schließlich: Mach Pausen. Müde Ohren führen dazu, Höhen zu stark aufzudrehen, und verwechseln Lautheit mit Qualität. Fünf Minuten frische Luft sind ein oft unterschätzter Mix-Move.

Variiere beim Abhören, so triffst du bessere Entscheidungen. Höre ab im Wechsel: leise und normal, Stereo und Mono, Boxen und Kopfhörer.

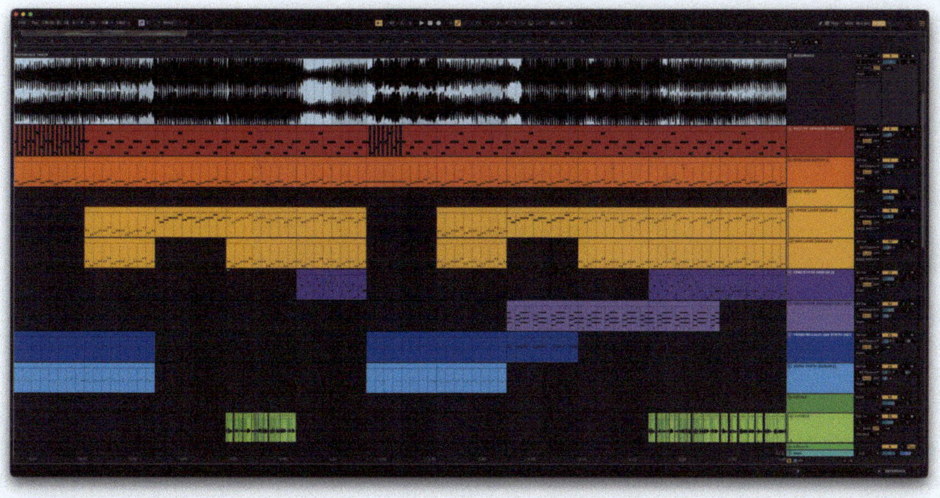

Bild 1.10 Die Referenz wird direkt in das Projekt geladen

Der konkrete Start im Homestudio

Du brauchst keinen perfekten Raum, um verlässlich zu arbeiten. Du brauchst eine nachvollziehbare Reihenfolge. Räume den Arbeitsplatz auf und positioniere den Tisch möglichst mittig an der kurzen Wand. Baue das Stereodreieck auf, richte die Hochtöner auf Ohrhöhe aus, winkele präzise ein und entkopple die Abhörmonitore vom Tisch. Achte auf gleiche Abstände links und rechts. Schließe dein Audiointerface an, installiere die Treiber und wähle in der DAW eine sinnvolle Samplerate und eine Buffergröße (siehe Kapitel 4), die für die aktuelle Aufgabe passt. Halte einen offenen

Kopfhörer bereit. Spiele einen kurzen Referenz-Loop ab. Höre leise. Bewege deinen Stuhl in kleinen Schritten vor und zurück, korrigiere die Einwinkelung minimal. Du spürst, wie die Mitte plötzlich einrastet und die Bühne sich öffnet. Sobald das passiert, markiere die Position mit einem unauffälligen Streifen Tape unter dem Stuhl und notiere deine Abstände. Diese **Dokumentation** spart dir in Zukunft viel Zeit.

> Miss nicht nur einmal. Notiere Abstand Box zu Box, Box zu Wand, Box zu Ohr. Kleine Zahlen sind große Helfer, wenn du umräumst.

Bild 1.11 Regieraum

Ein Homestudio ist kein Notbehelf, sondern eine Chance. Wenn du deine Abhöre als Werkzeug behandelst, führt jeder Schritt zu verlässlicheren Entscheidungen. Neutral arbeitende Nahfeldmonitore im Stereodreieck, Hochtöner auf Ohrenhöhe, identische Bedingungen links und rechts, eine sinnvolle Distanz zur Wand und eine einfache Entkopplung bilden das Fundament. Ein offener Kopfhörer ergänzt diese Perspektive und macht Details sichtbar. Der Raum muss nicht perfekt sein. Wichtig ist, dass du Erstreflexionen mindern und tieffrequente Probleme durch clevere Platzierung entschärfen kannst. Arbeite überwiegend leise, nutze Referenzen, schalte auf Mono und mache Pausen. Wenn du diese wenigen Regeln beherzigst, übersetzen deine Mischungen besser ins Auto, auf die Bluetooth-Box, auf die Ohrstöpsel und in den Club.

> Dein Raum entscheidet mit. Wenn die Abhörbasis stimmt, klingen deine Entscheidungen überall plausibel.

Praxisbeispiele

Eine Einzimmerwohnung mit Sofa an der Rückwand: Auf der Couch wirkt der Bass zu stark, am Schreibtisch zu schwach. Der Hörplatz rückt etwas nach vorn, beide Abhörmonitore gehen einen Fingerbreit von der Wand weg. Die Einwinkelung wird leicht korrigiert. Danach sitzen Kick und Bass in Mono stabil übereinander, die Übergabe zur Bassline ist klarer. Im Auto wirkt der Song kontrollierter, ohne seinen Druck zu verlieren.

Wenn die Stimme im Panorama nicht stabil bleibt, liegt es fast immer an der Geometrie. Prüfe Einwinkelung, Abhörposition und Symmetrie des Arbeitsplatzes im Raum, bevor du versuchst, das Problem mit Plug-ins zu beheben.

Mit einer ruhigen, verlässlichen Abhöre hörst du plötzlich mehr, als du dir gedacht hättest. Genau dort setzt das nächste Kapitel an.

Erst hören lernen, dann formen. Der Equalizer wirkt erst dann richtig, wenn dein Hörplatz die Wahrheit zeigt.

Im nächsten Kapitel widmen wir uns der praxisnahen Aufnahme im Homestudio. Du lernst, wie du mit einfachen Mitteln saubere Vocals, Akustikgitarre und kleine Percussions aufnimmst. Welche Mikrofonpositionen schnell zum Ziel führen. Wie du Popschutz, Abstand und Raumanteil kontrollierst und wie du bereits in der Aufnahme den optimalen Sound erreichst. Damit wird dir der Mix später leichter fallen. Gute Aufnahmen sparen Bearbeitung und bringen dich schneller ans Ziel.

2 Aufnehmen im Homestudio – Teil 1: Stimme

Eine gute **Vocal-Aufnahme** ist die Basis für eine gelungene Bearbeitung. Auch im Homestudio sind die Möglichkeiten groß. Es braucht kein High-End-Studio, sondern eine ruhige Vorbereitung, ein sauberes Setup und einen Kopfhörermix, der die Performance des Sängers unterstützt. In diesem Kapitel bauen wir Schritt für Schritt ein stabiles Setting für die Vocal-Aufnahme auf. Du lernst, wie du den Raum im Griff hast, welches Mikrofon in kleinen Räumen funktioniert, wie du mit Abstand und Einwinkeln Plosivlaute und Zischlaute an der Quelle entschärfst und wie du den Vorverstärker so einstellst, dass du später entspannt abmischen kannst. Dazu kommen Praxisroutinen für Takes, Comping, Dateibenennung und erste Pflege direkt im Rohmaterial. Ziel ist eine Aufnahme, die schon ohne Plug-ins überzeugt.

Bild 2.1 Klassischer Aufnahmeraum

Gute Vocals entstehen in einem gut klingenden Raum mithilfe der passenden Mikrofonierung, einem guten Kopfhörermix und natürlich aufgrund der Performance des Sängers.

Großmembran-Kondensator-Mikrofone sind empfindliche Studiomikrofone mit feiner Auflösung und deutlicher Höhenabbildung. Diese Art von Mikrofonen benötigt eine Phantomspeisung vom Mikrofonvorverstärker oder Audiointerface. Dynamische Mikrofone sind robust und nachsichtig im Hochton. In kleinen, unbehandelten Räumen ist das oft vorteilhaft, weil sie dadurch weniger Raumklang aufnehmen. Die **Richtcharakteristik** ist relevant für die Empfindlichkeitsverteilung des Mikrofons im Raum. Niere nimmt vorn am stärksten auf, hinten am wenigsten. Kugel nimmt rundum auf. Acht nimmt vorn und hinten auf, seitlich wenig. Der Nahbesprechungseffekt bezeichnet einen Bassanstieg bei nierenförmigen Richtungen, wenn der Mund sehr nah ans Mikrofon rückt. Nützlich für Wärme, gefährlich bei Mumpf. Der **Popschutz** ist ein feines Gewebe vor dem Mikrofon und schützt vor Plosivlauten wie „P" oder „T". Zusätzlich schützt der Popschutz, auch Popkiller genannt, vor Feuchtigkeit. Der Shockmount – oder auch Mikrofonspinne genannt – ist eine elastische Halterung, die Trittschall vom Stativ fernhält. Der Begriff Comping beschreibt das Vorgehen, aus mehreren Aufnahmen desselben Gesangsparts die besten Teile (Takes) zu suchen und zu einer einzelnen, perfekten Gesangsspur zu kombinieren.

Teste verschiedene Mikrofone, um das Beste für das Projekt zu finden. Für ein Homestudio reicht ein einzelnes hochwertiges und neutrales Mikrofon aus.

Beginne mit dem Raum, nicht mit dem Mikrofon. Stimme ist sensibel, frühe Reflexionen färben sofort. In kleinen Zimmern hilft ein einfaches Set aus zwei schweren Decken und einem Bücherregal mehr als ein einzelner, teurer Reflexionsschirm. Stelle die Sängerin nicht mitten in den Raum, sondern mit dem Rücken zu einem dicken Absorber. Das kann z. B. ein Kleiderständer mit Wäsche sein. Hinter dem Mikrofon darf ebenfalls eine Decke hängen oder ein diffuser Hintergrund stehen. So bekommt die Kapsel keine harten Reflexionen von gegenüber. Schalte laute Geräte aus. Laptop-Lüfter, Aquarien, Neonlampen, Klimaanlage, Kühlschrank etc. Nutze ein stabiles Stativ. Auch wenn Stative nicht zu den interessantesten Gegenständen im Studio gehören, ist es wichtig, dass hier nicht gespart wird. Sonst ärgert man sich im Nachhinein über das ständige Nachjustieren. Verwende einen hochwertigen Shockmount. Stelle sicher, dass es am Kabel keinen Zug gibt und es nicht an anderen Gegenständen scheuert.

Wähle das Mikrofon passend zum Raum und zur Stimme. Ein Großmembran-Kondensator zeigt Details und Luft. In einem sehr lebendigen Zimmer kann es zu viel Raum einfangen. Ein dynamisches Modell mit guter Sprachabbildung nimmt weniger Umgebung auf und wirkt sanfter in den Höhen. Beides ist richtig, wenn es zur Umgebung passt. Starte mit der Richtcharakteristik Niere. Sie blendet den Raum hinter der Kapsel etwas aus und liefert eine feste Abbildung in der Mitte. Kugel klingt offen, betont aber den Raum. Ein Mikrofon mit Richtcharakteristik Acht kann in Kombination mit einem Absorber hinter der Sängerin erstaunlich trocken klingen, verlangt aber sauberes Positionieren.

Bild 2.2
Das dynamische Mikrofon Shure SM7B eignet sich besonders für unbehandelte Räume

Richte die **Kapsel** auf Mundhöhe leicht seitlich an. Ein kleiner Winkel von zehn bis zwanzig Grad am Mund vorbei reduziert Zischlaute, ohne die Klarheit zu verlieren. Setze den Popschutz zwischen Mund und Kapsel. Ein guter Ausgangspunkt ist 15 bis 25 Zentimeter Abstand. Wenn der Musiker näher am Mikrofon ist, wird die Aufnahme durch den Nahbesprechungseffekt wärmer. Allerdings kann dieses Vorgehen die Plosivlaute verstärken. Ist das Mikrofon weiter weg, macht dies die Stimme dünner und in der Aufnahme ist mehr Raum enthalten. Lass die Sängerin eine Strophe in normaler Lautstärke sprechen und singen. Achte auf „P“ und „S“. Wenn die Wellenform bei „P“ übermäßig ausschlägt, erhöhe den Winkel minimal oder hebe das Mikrofon leicht über die Mundlinie, sodass die Luft darunter vorbeizieht. Wenn „S“-Laute zu scharf wirken, bleibe im leichten Off-Axis- Winkel und prüfe ein dynamisches Mikrofon als Alternative.

Bild 2.3
Ein moderater Abstand zum Mikrofon

Am Interface wird nun der Pegel der Verstärkung – auch **Gain** genannt – eingestellt. Drehe den Gain-Regler beim lautesten Teil der Hook so ein, dass die Spitzen in der DAW um etwa 12 dB (Dezibel) unter Vollaussteuerung bleiben. So schaffst du dir „Headroom“, eine Reserve zur Übersteuerung hin. Das ist kein Zeichen von zu geringer Lautstärke, sondern von Sorgfalt. Aktiviere Phantomspeisung nur bei Kondensatoren und nur am richtigen Kanal. Hör dir den Kopfhörerweg an. Direktes Monitoring sorgt dafür, dass die Sängerin ohne Latenz hört. Mische eine bequeme Balance, Stimme etwas lauter als das Playback. Ein Hauch Hall nur im Kopfhörer macht mutig. Kompression im Kopfhörer kann zusätzlich helfen. Halte die Aufnahme trocken. Alles, was du nicht brauchst, lässt du weg.

Bereite die Session für gutes Arbeiten vor. Lege mehrere Vocal-Spuren an: eine Spur für den Lead-Part, eine Spur für Dopplungen (Doubles), eine Spur für zusätzliche Vocals (Adlibs). Benenne sie eindeutig. Aktiviere eine Vorlaufzeit von ein bis zwei Takten, damit der Einsatz sitzt. Sprich Einsätze kurz vor der Aufnahme mit der Sängerin durch. Gute Stimmung im Studio ist wichtig für eine gute Aufnahme. Ein Getränk, bequemer Kopfhörersitz, Text gut sichtbar, Licht, das nicht blendet, und die Aufnahme kann starten.

Nimm mehrere vollständige Takes auf. Drei bis fünf Durchläufe sind ein guter Start. Danach nimm gezielt Abschnitte, den Refrain noch einmal, eine schwierige Bridge in Ruhe. Lege Marker an Stellen mit kniffeligen Silben. Sag an, welche Version gerade läuft. Das spart später Zeit. Baue Vertrauen auf. Kurze, klare Rückmeldungen helfen. Wenn die Sängerin zu hart gegen Zischlaute kämpft, verändere zuerst den Mikro-Winkel und den Abstand. Das bringt oft mehr als jede Nachbearbeitung.

Nach der Aufnahme wird sortiert. Erstelle für die Lead-Vocal-Spuren eine Comping-Spur. Höre Take für Take durch und markiere Zeile für Zeile die beste Variante. Suche nach Ausdruck vor Perfektion. Kleine Timing-Abweichungen sind lebendig, solange der Groove stimmt. Achte zusätzlich auf Atemgeräusche. Entferne nur störendes Einatmen, wenn es sehr laut ist oder zwischen Phrasen ablenkt. Nutze Clip Gain, um einzelne Silben, die deutlich lauter als der Rest sind, ein wenig zu zähmen. **Clip Gain** ist wie folgt zu verstehen: Eine Audiospur lässt sich in verschiedene Schnipsel zerteilen, die sogenannten Clips. Diese können dann separiert in ihrer Lautstärke eingestellt werden. Mit dieser ruhigen Vorarbeit arbeitet ein späterer Kompressor entspannter. Entferne Klicks an Schnittpunkten mit kurzen Fades. Kurze Pausen an den Clip-Enden vermeiden störendes Knacksen.

Nutze Doubles, um die Vocals zu verdichten. Bitte die Sängerin, minimal leiser und etwas lächelnd, zu singen. So liegt der Fokus auf Vokalen, nicht auf Konsonanten. Stelle das Mikrofon bei Doubles ein wenig weiter weg oder etwas seitlicher. Das verringert Zischlaute und macht die Doppelung weicher. Beim **Comping** der Doubles suchst du keine perfekte Kopie, sondern eine stützende zweite Stimme. Für Adlibs gilt dieselbe Regel.

Ordnung hält Tempo. Benenne deine Clips konsequent, z. B. Songname_Vocal_Part_Take_Zahl. Lege nach Abschluss der Session einen Ordner „Rohspuren" an und exportiere die rohen Takes als Sicherung. Erstelle zusätzlich einen Ordner „Comp". Darin liegt die zusammengesetzte Lead-Vocal-Spur in voller Länge. Eine kurze Textdatei mit Notizen zu Mikrofontyp, Abstand, Winkel und Gain-Wert kann bei einer späteren Korrekturaufnahme Gold wert sein.

Räume die Vocal-Spuren auf. Entferne vorsichtig Mundgeräusche nur dort, wo sie stören. Ein Glas Wasser ohne Kohlensäure wirkt schon bei der Aufnahme Wunder. Schneide lange Stille zwischen Passagen nicht komplett weg, sondern halte ein niedriges Raumgeräusch als Bett, wenn es sauber ist. Das verhindert hörbare Sprünge. Prüfe am Ende in Solo und im Kontext. Wenn die Rohspur ohne Plug-ins angenehm klingt, bist du auf dem richtigen Weg. Alles Weitere kommt in die Bearbeitung.

Erstelle in der DAW ein Template-Projekt für Vocal-Aufnahmen. Spuren für Lead-Vocals, Double, Adlibs, sauberes Routing, Kopfhörermix, Pre Roll bzw. Vorlaufzeit, setzte Marker. So startest du jede Session wie gewohnt.

Bild 2.4
Ein Musiker während der Aufnahme

Eine starke Vocal-Aufnahme entsteht aus drei ruhigen Schritten: den Raum optimieren, das Mikrofon passend wählen und sauber positionieren, die Aufnahme-Kette auf einen vernünftigen Arbeitspegel bringen. Ein guter Kopfhörermix, der leicht stützt, lässt die Performance besser werden. Mehrere vollständige Takes und zielgerichtete

Wiederholungen liefern Material für ein sauberes Comping. Clip Gain und Fades ordnen das Rohmaterial, ohne es zu verbiegen. Wer hier sorgfältig arbeitet, spart später Zeit und erhält eine Stimme, die im Mix selbstverständlich wirkt.

Was gut aufgenommen ist, mischt sich fast von allein.

Praxisbeispiele

Pop-Vocal im kleinen Zimmer

Der Raum klingt hart. Du stellst die Sängerin mit dem Rücken zu zwei schweren Bettdecken. Vor dem Mikro steht ein Bücherregal. Du nimmst ein dynamisches Sprachmikrofon mit Nierencharakteristik. Kapsel leicht über Mundhöhe, zehn Grad am Mund vorbei, Abstand zwanzig Zentimeter zum Mikrofon. Vorverstärkung so, dass die Spitzen während der Hook bei etwa –12 dB liegen. Beim Kopfhörermix ist die Stimme etwas lauter und ein leichter Plate-Hall liegt auf der Spur. Drei ganze Takes, dann zielgerichtete Zeilen aufnehmen. Ergebnis ist eine trockene, feste Spur, die im Mix kaum Korrektur braucht.

Warm klingende Ballade mit Großmembran

Der Raum ist optimiert. Du wählst ein Großmembran-Kondensator-Mikrofon. Popschutz auf zehn Zentimeter, Abstand 15 Zentimeter zum Mikrofon. Bewusster Nahbesprechungseffekt für Wärme. Mikrofon einen Tick über Mundhöhe. „P"-Probleme löst du mit der Überhöhe des Mikros, „S"-Probleme mit einem leichten Off-Axis-Winkel. Lead-Vocals 3 Takes, Double 2 Takes mit mehr Abstand. Die Rohspur klingt bereits präsent, Doubles legen samtige Breite an.

Rap mit viel Artikulation

Der Text ist dicht, Konsonanten sind wichtig. Du wählst ein dynamisches Studiomikrofon. Abstand: achtzehn Zentimeter zum Mikrofon, Kapsel leicht seitlich. Kopfhörer sehr klar, kaum Hall auf der Spur. Eingestellt ist eine Vorlaufzeit von zwei Takten. Nach der Aufnahme zähmt der Clip Gain zu harte Silben. Die Doubles sind locker, da das Mikrofon für diese weiter weggestellt worden ist. Ergebnis ist eine griffige, saubere Vocal-Spur.

Singer-Songwriter live im Raum

Gitarre und Stimme gleichzeitig. Zwei Mikrofone, beide in Niere. Stimme mit Popschutz, das Mikrofon der Gitarre zeigt auf den zwölften Bund. Beide Kapseln so gedreht, dass sie jeweils von der anderen Quelle wegschauen. Abstände zueinander so, dass es keine Phasenprobleme gibt. Das Ergebnis ist eine natürliche Aufnahme mit kontrolliertem Übersprechen.

Mach dir eine Spickliste für den Aufnahmetag. Wie wurde der Raum aufgebaut? Wie stand das Stativ? Wie war der Mikrofonvorverstärker eingestellt? etc.

Die Stimme steht. Im nächsten Schritt nehmen wir Instrumente auf, die im Homestudio häufig vorkommen. Akustikgitarre, E-Gitarre und Bass sowie kleine Percussions. Du lernst, wo der Sweetspot der Gitarre liegt und wie du kleine Quellen lebendig einfängst. Damit wächst dein „Werkzeugkasten“ und Können für saubere Aufnahmen.

3 Aufnehmen im Homestudio – Teil 2: Gitarre, Bass und kleine Schallquellen

Nach der Stimme widmen wir uns Schallquellen, Instrumenten, die im Homestudio ständig vorkommen: Akustikgitarre, E-Gitarre und Bass. Dazu kleine Percussions wie Shaker, Claps und Handtrommeln. Ziel ist hier, aus den Aufnahmen und der vorhandenen Räumlichkeit das Beste rauszuholen. Du lernst, wie du an der Akustikgitarre schnell den gewünschten Klang findest, wie du eine Gitarrenbox optimal mikrofonierst und wie du Bass sowohl per DI-Box als auch über den Amp aufnimmst.

Bild 3.1 Die Aufnahme einer Gitarre

DI-Signal ist die Direktabnahme eines Instruments über einen hochimpedanten Eingang. Beim Bass ist das die verlässliche Basis für Klarheit und Tiefgang. Beim **Reamping** wird das zuvor aufgenommene DI-Signal durch einen Verstärker deiner Wahl wiedergegeben und neu aufgenommen. Die Rausch- und Trittschalldisziplin beschreibt die praktische Vorsorge, um Störquellen wie Netzteilbrummen und vibrierende Stative zu verhindern.

Die richtige Position schlägt jedes Plug-in.

Akustikgitarre

Bevor du ein Mikrofon holst, stelle dich oder den Spieler so in den Raum, dass die Gitarre am Ohr schon angenehm klingt. Ein Teppich unter den Füßen, ein Bücherregal seitlich, ein dichter Vorhang gegenüber. Setze dich nicht in die Raummitte.

Für die Mikroposition ist der beste Startpunkt der Bereich am zwölften Bund. Dort trifft der Klang der Saiten auf den Klang des Korpus und bildet ein ausgewogenes Gesamtbild. Stelle ein Kleinmembran-Kondensator in Nierencharakteristik auf etwa 20 bis 25 cm Abstand, leicht auf den zwölften Bund gerichtet. Wenn es zu hell wirkt, wandere in kleinen Bögen Richtung Schallloch am Korpus, ohne hineinzuzielen. Wenn es zu mulmig wird, gehe wieder vom Schallloch weg Richtung Hals. Kleine Winkeländerungen genügen oft. Ein Großmembran funktioniert ebenfalls, liefert etwas mehr Körper und Glanz. In unbehandelten Räumen ist eine Kleinmembran häufig die neutralere und beste Wahl.

Vermeide die **Plosivluft** vom Schallloch. Ein Popschutz kann auch an der Gitarre helfen, wenn sehr nah mikrofoniert wird. Je dynamischer das Spiel, desto eher lohnt sich ein größerer Abstand. So bleibt die Balance vorhanden.

Bild 3.2 Eine Gitarrenaufnahme mit zwei Mikrofonen

Lass den Gitarrenspieler drei Mikrofonpositionen antesten. Zwölfter Bund, zwischen Schallloch und Steg, Richtung Kopfplatte. Notiere pro Position zwei Stichworte. So findest du die beste Position in wenigen Minuten.

E-Gitarre per Amp

Eine Gitarrenbox hat je nach Bauart in der Mitte mehr Hochton, am Rand mehr Wärme. Stelle ein dynamisches Mikrofon in Niere nah vor die Box. Starte in der Mitte der Box. Daraus resultiert ein griffiger, aber nicht spitzer Klang. Prüfe in kleinen Bewegungen. Wenige Millimeter verändern viel. Etwas Abstand gibt mehr Luft, kann in kleinen Räumen aber störende Reflexionen sammeln. Ein Winkel von fünfzehn Grad entschärft Härten. Bitte den Gitarristen, den Amp auf Arbeitslautstärke bzw. Optimal-Lautstärke zu bespielen. Viele Amps klingen erst dann richtig gut, wenn ein gewisser Pegel erreicht ist. Reduziere Störgeräusche. Das Netzteil weit weg vom Gitarrenkabel und das Handy bitte nicht auf den Amp legen.

Bild 3.3
Eine Aufnahme an der Lautsprecherbox

Wenn du zwei Mikros nutzt, versuche ein dynamisches für die „Griffigkeit“ und ein Kondensator für die „Luft“ zu kombinieren. Positioniere beide so, dass sie in Mono zusammen dicker werden. Zoome in die Spuren in der DAW und achte auf die Ausrichtung der Wellenformen. Eine kleine Sampleverschiebung kann das Fundament stabilisieren. Wenn der Raum klein ist, verzichte auf ein zweites Mikro und erzeuge die Breite später mit Doppelungen und mit Hall in der Mischung.

Reamping, also die Aufnahme erst über DI-Box und erst danach über den Amp, ist auch in Homestudios ohne Weiteres umsetzbar. Zeichne zusätzlich das DI-Signal des Gitarristen auf. Eine Reamp-Box bringt dieses Signal in den Amp. So kannst du das Setup hören, ohne dass der Gitarrist noch einmal alles einspielen muss. Das spart Nerven und wichtige Entscheidungen trifft man später und in Ruhe.

Bild 3.4
Bei der Radial ProRMP handelt es sich um eine Reamping-Box

E-Bass per DI und Amp

Ein hochimpedanter Instrumenten-Eingang am Interface oder eine DI-Box im Linieneingang liefern ein klares, rauscharmes Signal. Stelle die Eingangsverstärkung so ein, dass kräftiges Spiel Reserven hat. Wenn du den Charakter eines Amps möchtest, nimm zusätzlich eine DI-Box mit. Stelle ein dynamisches Mikro leicht seitlich zur Mitte des Lautsprechers. Der Amp erzeugt oft Rumpeln. Dämpfe Trittschall mit stabilem Stativ und Shockmount. Der Amp darf leiser sein als bei Gitarre. Wir wollen die Klangfarbe einfangen, nicht die Lautstärke.

Beim Mischen ist das DI-Signal die Basis. Das Amp-Signal mischst du für Körnung und Mittendefinition dazu. Achte streng auf die Phasen. Wenn der Bass unten dünn wird, drehe die Polung einer Spur oder verschiebe minimal in der Zeit, bis die Summe in Mono kräftig bleibt. Mit der Summe ist das gesamte zusammengemischte Signal gemeint. Wenn du keinen Amp hast, nutze eine Amp-Simulation für die zweite Ebene. Einen Filter unterhalb von 40 bis 60 Hz hält unnötigen Subbass im Zaum. Ein leichter High-Cut glättet oben Saitengeräusche, wenn diese stören sollten. Eine Prise Sättigung erzeugt Obertöne, die auch auf kleinen Lautsprechern hörbar sind.

Bild 3.5
Eine DI-Box im Einsatz

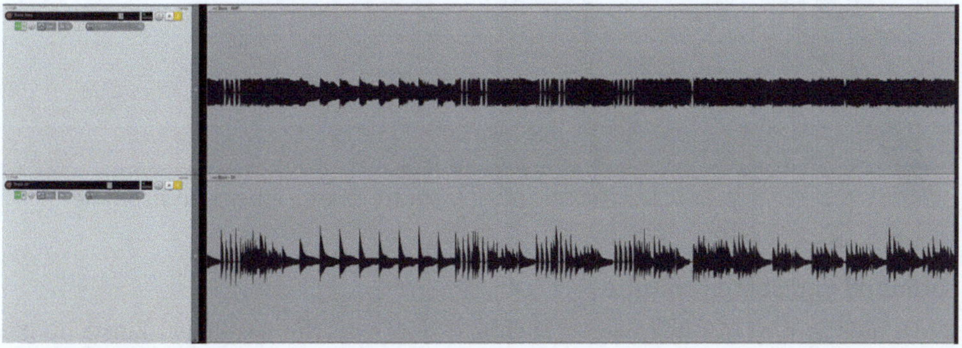

Bild 3.6 Bass-Amp-Spur und Bass-DI-Spur werden gemischt

Spiele vor der Aufnahme eine Minute die lauteste Stelle. Stelle den Gain dort ein. Bassanschläge sind teilweise launisch. Reserve ist besser als Nachbearbeitung.

Kleine Percussions

Kleine Percussions wie Shaker, Claps oder Handtrommel sind teilweise schwierig zu händeln. Stell den Shaker-Spieler so auf, dass der Mikrofonkorb auf den Shaker schaut, nicht auf die Handfläche. Eine Kleinmembran in Nierencharakteristik in 30 bis 40 Zentimetern Abstand bietet sich an, um Rhythmus ohne Störgeräusche einzufangen. Claps nimmst du so auf, wie du es gerade benötigst, z. B. vor einem diffusen Hintergrund, nicht direkt vor einer harten Wand. Ein Meter Abstand zum Mikro, leicht seitlich, damit der Luftstoß nicht auf die Kapsel trifft. Für Handtrommeln positioniere die Kapsel etwas oberhalb des Fells, nicht mittig, eher am Rand, damit Fell und Korpus in einer guten Balance zueinander sind. Wenn es harsch klingt, wandere etwas im Winkel.

Bild 3.7
Mikrofonierung einer Handtrommel

Ordnung und Sessionroutine

Auch hier ist die Ordnung wieder wichtig: Notiere dir die jeweiligen Einstellungen wie Position und Winkel, um anschließend wieder darauf zugreifen zu können. Benenne zusätzlich die Spuren sicher in deiner DAW und speichere die Aufnahmen separat, damit du ein Back-up hast.

Ob die Instrumentenaufnahme gut funktioniert, lässt sich mit ein paar Schritten überprüfen. Wenn die Quelle bereits am Ohr gut klingt, klingt sie im Regelfall auch gut während der Aufnahme. Die Mikrofonposition muss angemessen für das jeweilige Instrument sein. Halte die Session geordnet und überprüfe regelmäßig Phasen. Wenn du diese wenigen Regeln anwendest, bekommst du Material, das im Mix gut sitzen wird.

Praxisbeispiele

Crunch-Gitarre Doppelung

Ein SM57 steht knapp neben dem inneren Ring des Lautsprechers, fünfzehn Grad abgewinkelt. Der Spieler spielt zwei Takes ein. Möglichst gleich gespielt. Bei jedem Take die Mikrofonpositionen ändern. Die Spuren werden links und rechts hart gespannt. Resultat ist ein breites Audiosignal. Der Raum entsteht durch Doppelung und einen leichten Hall.

Bass Modern Pop

Das DI-Signal wird sauber als Grundlage verwendet. Eine Amp-Simulation liefert die Mittenfestigkeit. Das DI-Signal bleibt unten bis 60 Hz unberührt und bekommt mit dem EQ einen sanften Peak um 100 Hz bis 120 Hz, um den Körper zu betonen. Der Amp-Kanal bekommt einen High-Cut bei 5 kHz und eine leichte Sättigung. Die Phase wird in Mono abgestimmt. Ergebnis ist ein stabiler Bass, der auch auf kleinen Lautsprechern funktioniert.

Mit Stimme, Gitarre, Bass und Percussion beherrschst du nun die typischen Schallquellen im Homestudio-Recording. Im nächsten Kapitel klären wir die digitale Wandlung und besprechen das Audiointerface. Du erfährst, warum Treiberstabilität und saubere Wandler wichtiger sind als Hunderte Features. Was Anti-Aliasing und Oversampling praktisch bedeuten. Wie du Samplerate und Buffer sinnvoll wählst und wie du die Signalkette so aufbaust, dass Aufnahmen sauber, latenzarm und zuverlässig gelingen. Mit einem stabilen technischen Fundament gelingt dein kreatives Werk noch besser.

4 Digitale Wandlung und Audiointerfaces: sauber rein, sauber raus

Bevor ein Mikrofon oder eine Gitarre in der DAW ankommt, muss das analoge Signal in Zahlen verwandelt werden. Und wenn du das Signal aus der DAW wieder abhören willst, geht es den umgekehrten Weg zurück. Genau hier arbeitet dein Audiointerface. Es ist das Herz deines Homestudios, weil es entscheidet, wie rauscharm du aufnimmst, wie stabil dein System läuft und wie natürlich das Ergebnis wirkt. In diesem Kapitel klären wir ohne Fachkauderwelsch, wie Wandlung funktioniert, welche Rolle Treiber, Samplerate, Buffergröße und Bittiefe spielen, wie Vorverstärker und Eingänge richtig genutzt werden und wie du die Latenz in den Griff bekommst. Wir schauen auf sinnvolle Anschlüsse, auf Monitoring ohne Umwege und auf praktische Einstellungen für einen flüssigen Workflow. Am Ende hast du eine klare Checkliste und weißt, warum ein solides Interface oft mehr bringt als das nächste Plug-in.

Bild 4.1 Beim Steinberg AXR4U handelt es sich um ein High-End-Interface

Ein **Audiointerface** ist ein Gerät, das analoge Signale in digitale Daten wandelt und digitale Signale zurück in die analoge Welt. Der Analog-zu-Digital-(A/D-)Wandler tastet das Eingangssignal in gleichmäßigen Zeitabständen ab. Diese Abstände heißen **Samplerate**. Die Samplerate wird in Hz (Hertz) angegeben. Übliche Werte sind 44,1 kHz, 48 kHz oder 96 kHz. Die Genauigkeit jeder Messung beschreibt die Bittiefe. 24 Bit haben in der Praxis deutlich mehr nutzbaren Dynamikbereich als 16 Bit und sind daher Standard für Aufnahme und Mischung. Die Buffergröße ist die Anzahl an Samples, die der Rechner in einem Rutsch verarbeitet, bevor er die nächsten anfordert. Kleine Bufferzahlen bedeuten geringe Latenz, also kurze Verzögerung zwischen Einspielen und

Hören, fordern die CPU aber stärker. Große Bufferzahlen sind stabiler, aber auch träge. Treiber vermitteln zwischen Interface und DAW. **Anti-Aliasing** ist ein Tiefpass vor der Analog/Digital-Wandlung, der verhindert, dass sehr hohe Frequenzen in die Wandlerstufe kommen und als falsche, tiefere Frequenzen interpretiert werden. Oversampling bedeutet, intern mit höherer Abtastrate zu rechnen, damit Filter sanfter arbeiten können. Das reduziert Artefakte des Filters. Clock bezeichnet das interne Zeitnormal, mit dem die Abtastungen gleichmäßig verteilt werden. Eine saubere Clock erzeugt weniger Jitter, also weniger Abweichungen in der Zeitachse. Direktes Monitoring meint das Abhören des Eingangssignals vor der DAW. So hörst du dich ohne spürbare Verzögerung.

Samplerate bestimmt das „Wie oft", Bittiefe ist „Wie fein", Buffer ist „Wie viel auf einmal", Treiber ist „Wie gut verbunden".

Der Weg des Signals beginnt an einem Eingang des Audiointerfaces. Ein Mikrofon liefert sehr niedrige Spannungen. Ein Vorverstärker hebt dieses leise Signal auf Arbeitsniveau. Je sauberer dieser Schritt, desto weniger Rauschen und umso mehr Details bleiben erhalten. An deinem Interface stellst du die Eingangsverstärkung so ein, dass der lauteste sinnvolle Moment beim Einsingen oder Spielen noch Reserven lässt. Eine gesunde Zielmarke ist, dass die Spitzen bei der Aufnahme in der DAW um etwa 12 dB unter dem digitalen Vollaussteuerpunkt bleiben. Das klingt unspektakulär, ist aber Gold wert. So arbeitet der Wandler im linearen Bereich: Transienten kappen nicht und der Mix hat am Ende Luft. Wenn du ein Kondensator-Mikrofon verwendest, aktivierst du die **Phantomspeisung** am entsprechenden Eingangskanal am Interface. Sie versorgt das Mikrofon mit der nötigen Betriebsspannung. Ein Bändchenmikrofon oder manche aktive DI-Boxen benötigen besondere Sorgfalt. Prüfe vor dem Einschalten, ob das angeschlossene Gerät Phantomspeisung verträgt bzw. überhaupt benötigt. Für E-Gitarre und E-Bass brauchst du einen hochohmigen Instrumenteneingang. Er ist im Interface meist als „Hi Z" beschriftet. Line-Eingänge sind für Geräte mit bereits linearem Pegel gedacht, etwa Synthesizer oder externe Vorverstärker. XLR-Kabel und symmetrische Klinkenkabel transportieren Signale störungsarm. Ein symmetrisches Kabel besitzt im Gegensatz zum unsymmetrischen Kabel drei statt zwei Leitungen. Eine Leitung transportiert dafür das Signal phaseninvertiert, was dazu führt, dass die Störungen ausgelöscht werden und das Nutzsignal bestehen bleibt. Somit sind unsymmetrische Verbindungen mit einfacher Klinke empfindlicher gegen Brummen. Je länger die Strecke, desto mehr lohnt eine symmetrische Verbindung.

Nach dem Vorverstärker zerlegt der **Wandler** das Signal in kleine Zeitpakete. Die Samplerate legt fest, wie eng diese Pakete liegen. Für Pop, Rock, Rap und Singer-Songwriter reichen 44 100 Hz oder 48 000 Hz in vielen Fällen aus. Höhere Raten können Vorteile bringen, wenn du viel mit starker Bearbeitung arbeitest oder mit schnellen

Transienten und sehr hellen Quellen hantierst. Das belastet aber CPU und Speicher, da die Datenmenge mit höheren Sampleraten steigt. Viel wichtiger als der nackte Zahlenwert ist die Stabilität des Systems. In der DAW greifen viele moderne Plug-ins zusätzlich auf Oversampling zurück, um intern mit höherer Rechentiefe zu filtern. Das ist besonders bei Sättigung, Distortion und steilen Filtern sinnvoll. Achte darauf, Oversampling in der Mischung selektiv zu nutzen. Auf jedem Plug-in gleichzeitig aktiviert frisst Oversampling CPU-Ressourcen, ohne dass du automatisch mehr hörst.

Bild 4.2 Der Fabfilter Pro c2 bietet eine Oversampling-Funktion

Bei den meisten Interfaces lassen sich allerdings nicht nur Instrumente und Mikrofone anschließen, sondern auch externe Effekte. Über den Line-Eingang lassen sich dementsprechend andere Mikrofonvorverstärker verwenden oder analoge Kompressoren verbinden. Mikrofonvorverstärker lassen sich in diesem Fall zweckentfremden. Hier kommt das sogenannte Printing zum Einsatz. Es werden Spuren, die bereits aufgenommen worden sind, über einen Line-Kanal an den Mikrofonvorverstärker gesendet und durch diesen saturiert. Somit wird das Signal wieder neu aufgenommen und nimmt dabei die Färbung des Vorverstärkers an. Derartiges Vorgehen eignet sich besonders, wenn einem Spuren zugesendet werden und man auf diesen Effekt nicht verzichten möchte. Der Name Printing kommt daher, dass das Durchschleusen des Signals in Echtzeit erfolgt und man dabei zuschauen kann, wie die Spur mit dem Effekt „gedruckt“ wird.

Die **Buffergröße** bestimmt, wie schnell das System reagiert. Beim Einspielen möchtest du dich ohne spürbare Verzögerung hören. Wähle daher eine möglichst kleine Buffergröße und nutze – wenn möglich – das direkte Monitoring des Interfaces. Dabei mischt das Interface dein Eingangssignal direkt mit der Wiedergabe aus der DAW. Du hörst dich sofort und kannst trotzdem zum Playback spielen. Später, bei der Abmischung, ist Latenz dann weniger wichtig. Du stellst die Buffergröße hoch, damit die CPU entspannt rechnet und die Session stabil bleibt. Eine einfache Alltagsregel lautet daher: kleine Bufferzahl zum Einspielen, große Bufferzahl zum Mischen. Wenn es knackt und knistert, ist der Rechner überfordert. Reduziere Rechenfresser, erhöhe den Buffer und prüfe, ob im Hintergrund Programme laufen, die Rechenleistung ziehen.

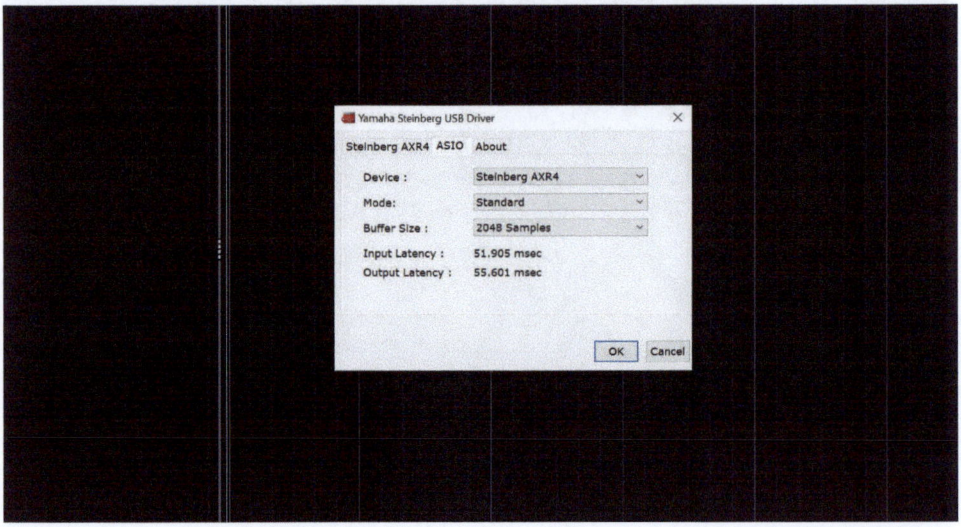

Bild 4.3 Die Einstellungen eines Steinberg-Interfaces während des Mixings

Gute Interfaces bringen nützliche Helfer mit. Ein **schaltbarer Hochpassfilter** am Eingang entfernt Trittschall und überflüssigen Tiefbass schon vor der Wandlung. Ein Dämpfungsschalter verringert die Eingangsverstärkung bei sehr lauten Quellen, etwa am Gitarrenamp. Mehrere Kopfhörermischungen erlauben es, dem Sänger einen anderen Balancemix zu geben als dem Produzenten. Loopback führt das Ausgangssignal virtuell wieder auf einen Eingang. Das ist praktisch für Streaming, Tutorials oder Reamping. Digitale Anschlüsse erweitern bei Bedarf die Kanalzahl. Über ADAT lassen sich digital zusätzliche Vorverstärker anschließen, sodass aus einem kleinen Interface eine vollwertige Mehrspur-Aufnahmemöglichkeit wird. Koaxiale oder optische Anschlüsse für digitale Stereosignale heißen oft SPDIF. Wenn du externe Geräte koppelst, benötigt jedes eine gemeinsame Zeitbasis. Entweder gibt das Interface die Clock vor und die anderen digitalen Geräte folgen, oder du verwendest den separaten Wordclock-Anschluss (siehe Kapitel 17). Wichtig ist, dass es am Ende genau eine Uhr gibt, die den Takt vorgibt.

Bild 4.4 Wordclock-Generator

Ein paar Worte zur Praxis beim Kauf. Die Zahl der Eingänge solltest du an dein Szenario anpassen. Nimmst du ausschließlich Vocals und Einzelinstrumente auf, reichen zwei saubere Kanäle. Spielst du gelegentlich Drums ein, plane acht Mikrofoneingänge oder eine Erweiterungsoption über ADAT ein. Die Qualität der Vorverstärker und Wandler ist wichtiger als bunte Extras. Rauscharme, klare Aufnahme, verlässliche Treiber, gut klingender Kopfhörerausgang und eine vernünftige Lautsprechersektion sind die Punkte, an denen du den Unterschied wirklich hörst. Bei der Verbindung zum Rechner hat sich USB bewährt. Kabel müssen nicht teuer sein, aber sie sollten sauber konfektioniert und passend sein. Wackelkontakte sind die häufigste Fehlerquelle. Sorge dafür, immer ein zweites XLR- und ein zweites Klinkenkabel griffbereit zu haben.

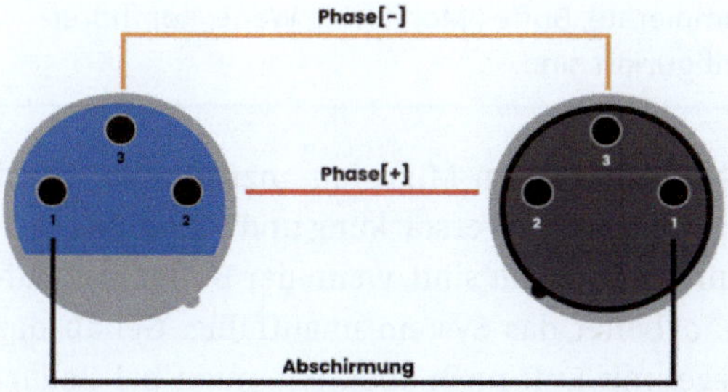

Bild 4.5
Der Querschnitt eines XLR-Kabels

Damit das System Tag für Tag tut, was du brauchst, lohnt sich ein fester Arbeitsablauf. Öffne zu Beginn einer Session dein Interface-Control-Panel. Prüfe Samplerate und Buffer. Stelle sicher, dass die DAW dieselbe Samplerate verwendet wie das Interface. Lege einen Testtrack an, klatsche oder sprich kurz ins Mikrofon und kontrolliere, ob

Pegel und Zuweisung stimmen. Schalte Phantomspeisung nur dort ein, wo sie benötigt wird, und erst nachdem du das Mikrofon verbunden hast. Drehe die Eingangsverstärkung langsam auf, während du die lauteste Stelle probst. Erreiche einen satten, aber luftigen Pegel. Wenn der Sänger am späteren Tag lauter wird, hast du noch Reserven. Rauschen und Brummen lokalisierst du, indem du nacheinander Geräte und Kabel tauschst. Oft ist es nur eine unsymmetrische Verbindung in zu langer Leitung oder ein Netzteil, das in der gleichen Steckdosenleiste steckt wie das Interface. Nutze bei heiklen Setups möglichst symmetrische Leitungen.

Wenn es brummt, ziehe nacheinander alles vom Strom und stecke schrittweise wieder an. Oft ist es eine Steckdosenleiste, ein Netzteil oder ein unsymmetrisches Kabel, das die Schleife schließt.

Latenz ist das Thema, das am meisten nervt, wenn es schlecht läuft. Denke in zwei Wegen. Für das Spielgefühl nutzt du Direktmonitoring – sofern verfügbar. So hörst du dich ohne Verzögerung. Für Software-Effekte beim Einspielen, etwa Amp-Simulationen, ist eine kleine Buffergröße nötig. Balanciere zwischen Spielfreude und Stabilität in der DAW. Wenn du mit virtuellen Instrumenten arbeitest, hilft es, diese während der Aufnahme zu frieren oder zu bouncen, sobald sie stehen. Damit entlastest du die CPU für die nächsten Schritte. Während des Mischens: Stelle den Buffer hoch, aktiviere Oversampling nur dort, wo es wirklich den Klang verbessert, und halte dein System sauber. Ein aufgeräumter Rechner ist das beste Tuning.

Kleine Buffer zum Einspielen, große Buffer zum Mischen.

Lege dir ein Template an, in dem Samplerate, Buffer, Monitoring Wege, Kopfhörermixe und ein Mixbus bereits vorkonfiguriert sind.

Ein Audiointerface ist mehr als nur die Möglichkeit, ein Mikrofon anzustecken. Es ist Vorverstärker, Wandler und Monitorzentrale. Wenn Vorverstärkung und Wandlung sauber sind, wenn Samplerate und Bittiefe sinnvoll gewählt sind, wenn der Buffer zur Aufgabe passt und die Treiber stabil laufen, arbeitet das System unauffällig. Genau das willst du erreichen. Du stellst Eingangspegel mit Luft nach oben ein, nutzt bei Bedarf Direktmonitoring, hältst während der Aufnahme den Buffer klein und während des Mischens groß, verwendest symmetrische Kabel, vermeidest Brummschleifen und planst Erweiterungen über digitale Schnittstellen nur dann, wenn du sie wirklich brauchst. Anti-Aliasing und Oversampling sorgen intern dafür, dass Filter gutmütig arbeiten. Eine saubere Clock hält die Wandlung stabil. Am Ende steht ein Signal, das so klar in der DAW ankommt, dass du dich beim Mischen auf das Kreative konzentrieren kannst.

Je weniger du über dein Interface nachdenken musst, desto mehr hörst du deine Musik.

Praxisbeispiele

Ein Singer-Songwriter nimmt Gesang und Gitarre gleichzeitig auf. Kanal eins ist das Großmembran mit Phantomspeisung, Kanal zwei die Gitarre über eine gute DI-Box. Beide Eingänge werden getrennt vorverstärkt, ein sanfter Hochpass am Interface entfernt Trittschall. Die Samplerate steht auf 48 kHz, Bittiefe auf 24 Bit. Direktmonitoring mischt beide Quellen auf den Kopfhörer, der Buffer steht niedrig. Der lauteste Refrain bleibt 12 dB unter Vollaussteuerung. Das Ergebnis sind saubere, rauscharme, dynamische Spuren, die später ohne Mühe bearbeitet werden können.

Eine Band möchte ein Drumset mit acht Mikrofonen aufnehmen, hat aber nur zwei Interface-Eingänge. Lösung: Ein externer Achtkanal-Vorverstärker mit A/D-Wandler liefert über ADAT acht zusätzliche Kanäle digital ins Interface. Das Interface gibt die Clock vor, der externe Vorverstärker folgt. Alle Spuren landen mit identischer Zeitbasis in der DAW. Der Drummer hört sich über einen eigenen Kopfhörermix, der Produzent über einen zweiten. Latenz spielt keine Rolle, weil beide über Direktmonitoring hören.

In einer Gitarrenproduktion beim Einspielen mit Amp-Simulationen treten Knackser auf. Wird der Buffer sehr groß gestellt, verschwinden die Knackser, aber die resultierende höhere Latenz stört den Spieler. Der Weg ist, den Buffer moderat klein zu wählen, die Spur aufzunehmen und danach direkt das virtuelle Amp-Plug-in zu rendern. Im Mix dann den Buffer wieder deutlich erhöhen. So bleibt das Spielgefühl gut und der Rechner hat für die Mischung Reserven.

Die Signalkette steht, Aufnahmen sind sauber, Monitoring ist entspannt. Im nächsten Kapitel wenden wir uns MIDI und virtuellen Instrumenten zu. Du lernst, wie du Drums, Keys und Synths so programmierst, dass sie wie gespielt wirken, wie Anschlagstärke und Notenlänge Ausdruck formen, wie du Layer sinnvoll baust und wie deine MIDI-Parts dem Mix Platz lassen, bevor du überhaupt den Equalizer anfasst.

5 MIDI und virtuelle Instrumente musikalisch programmieren

Virtuelle Instrumente sind heute fester Teil des Homestudios. Sie klingen teilweise beeindruckend, sind sofort verfügbar und nehmen keinen Platz im Homestudio weg. Trotzdem klingt eine MIDI-Spur erst dann nach Musik, wenn Timing, Dynamik und Artikulation zusammenpassen. Genau darum geht es hier. Wir programmieren Drums, Bass, Keys und Synths so, dass sie sich wie eingespielt anfühlen. Wir arbeiten mit wenigen, klaren Regeln: erst der erste Impuls, dann die Betonungen, dann die Feinheiten. Du lernst, wie du Anschlagstärke und Notenlängen als Ausdruckswerkzeuge nutzt, wie der Humanize-Effekt hilft, dass Spuren menschlicher wirken, wie Layering schlau organisiert wird und wie du MIDI-Parts so anlegst, dass der Mix später leicht fällt. Keine Zaubertricks. Ein simpler Ablauf, der dich schneller zu Ergebnissen bringt, die wie Musik klingen.

Die Anschlagstärke bzw. **Velocity** bezeichnet die Kraft einer gespielten Note. In der Pianorolle als Balkenhöhe sichtbar. Velocity prägt Lautstärke, Timbre und Sample-Layer vieler Instrumente. Die **Notenlänge** ist die Dauer, wie lange eine Note gehalten wird. Sie formt Artikulation zwischen Staccato (kurz) und Legato (lang). Die **Quantisierung** bezeichnet das Ausrichten von Noten auf ein musikalisches Raster von Notenlängen. Dies ist nützlich für die Ordnung, allerdings kann es auch künstlich klingen, wenn sie zu stark genutzt wird. Humanize ist ein Vorgehen, welches gezielte, kleine Abweichungen in Timing und Velocity erzeugt. Dies kann den Ausdruck verstärken, wenn damit nicht übertrieben wird. Die Artikulation bzw. der Keyswitch ist die Spielweise eines Instruments. Bei Orchester-Libraries z. B. Legato, Staccato, Pizzicato. Diese lässt sich im Regelfall per Tastendruck frei umschalten.

Mit **Ghost Notes** sind sehr leise, kurze Noten zwischen den Hauptschlägen gemeint. Diese erzeugen Groove und Tiefe. Sie werden besonders bei Drums und Bass eingesetzt. Layering bedeutet das Kombinieren mehrerer Klangerzeuger zu einer Summe. Zum Beispiel Sub-, Body- und Air-Layer bei einem Lead-Sound. Mit dem Begriff „Round Robin“ sind abwechselnde Samples für denselben Schlag gemeint. Diese dienen dazu, Wiederholungen von Sounds natürlicher klingen zu lassen.

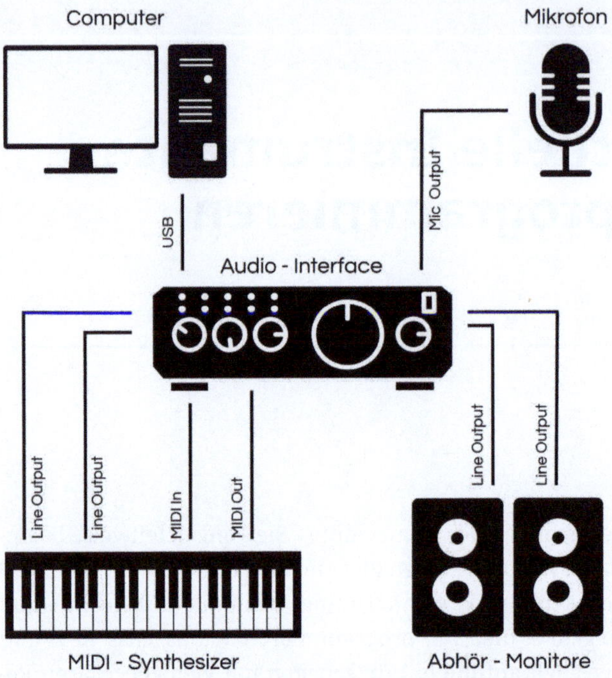

Bild 5.1
So kann eine typische Homestudio-Verbindung aussehen

Beginne immer mit der perkussiven Struktur. Lege ein Kick-Snare-Gerüst an. Bei nicht-perkussiver Musik kannst du am besten mit einem simplen Akkord- oder Basspuls anfangen. Stelle das Tempo bewusst ein. Viele Arrangements klingen bei zwei bis drei BPM langsamer oder schneller deutlich besser. Also lege dich auf eine Geschwindigkeit fest. Hör in Loops von vier oder acht Takten. Wenn das Gerüst funktioniert, bist du einen Schritt weiter. Quantisiere zunächst locker. Ein Raster auf Achtelnoten mit 50 – 70 % Stärke ordnet, ohne dass es zu mechanisch klingt. Danach kümmerst du dich um Betonungen. In Pop und Hip-Hop sitzen Akzente oft auf den Zählzeiten zwei und vier. Im House treibt die Off-HiHat an. Im Trap spielen Ghost Notes auf der Snare und schnelle und leise HiHats eine wichtige Rolle. Hier ist es also wichtig, zu wissen, welches Genre produziert werden soll, um den passenden Groove zu erstellen.

Anschlagstärke ist bei den Grooves besonders wichtig. Programmiere HiHats nicht linear, da sie sonst schnell eintönig werden. Setze die Hauptschläge etwas lauter und die Zwischenschläge leiser. Lasse jede zweite oder dritte HiHat minimal sanfter anschlagen. Eine simple Dreierbewegung (laut, mittel, leise) macht es sofort menschlicher. Bei Kicks helfen zwei Ebenen. Eine Hauptkick trägt, eine leise Ghost-Kick führt in den nächsten Schlag. Bei Snare-Rolls wirken zwei bis drei Velocity-Stufen und etwas Timing-Schieflage Wunder. Bei Pianos macht die Velocity nicht nur Lautstärke, sondern auch Klangfarbe aus. Weniger Anschlag klingt oft weicher, harter Anschlag heller. Spiele mit zwei Händen separat ein oder programmiere die Melodie nach der Begleitung, damit beide Ebenen atmen.

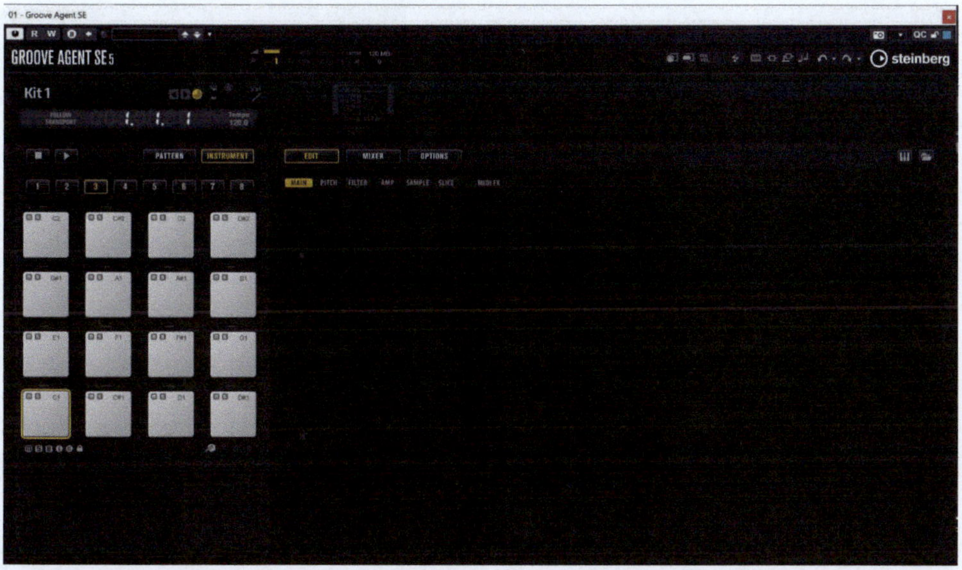

Bild 5.2 Mit dem Groove-Agent lassen sich Grooves leicht erstellen

Die Länge der Noten entscheidet, wie viel „Luft" der Part lässt, z. B. ein Bass, der jede Note bis zum nächsten Anschlag hält, verklebt den Mix. Verkürze in der Pianorolle die Töne minimal, besonders vor der Kick. Plötzlich atmet der Groove. Staccato auf Synth-Chords lässt Platz für Vocal-Silben. Legato bei Lead-Lines verbindet Phrasen und macht sie melodischer.

Quantisierung ist ein Schieberegler, kein Schalter. Gerade Drums können auf Achtel quantisiert sein, Swing gibst du nur den Hats und Claps. Eine kleine Vorverlagerung der Snare (wenige Millisekunden) macht sie griffiger. Ein leichtes Nachhintenschieben lässt sie laid-back wirken. Probiere beides aus und kontrolliere, was besser passt. Entscheide nach Gefühl, nicht nach Optik. Humanize setzt du am Ende in kleinen Dosen ein. Erlaube zwei bis fünf Millisekunden Zufall und wenige Velocity-Punkte Varianz. Wenn die Noten anfangen, gegen den Groove zu stolpern, war es zu viel. Nimm es dann ein wenig zurück.

Artikulationen sind der Schlüssel zu glaubwürdigen Instrumenten. Streicher ohne Legato klingen unnatürlich. Streicher mit sauberem Legato und kurzen Staccati in den Akzenten wirken plötzlich echt. Lerne die zwei oder drei wichtigsten Keyswitches deiner Library. Lege dir pro Instrument eine kleine Artikulationsspur mit Markern an (L für Legato, S für Staccato, P für Pizz). So vergisst du nicht, umzuschalten. Trenne in orchestralen Sätzen tiefe, mittlere und hohe Stimmen auf eigene Spuren. Spielen alle denselben Block, klingt es fett, aber leblos. Kleine Gegenbewegungen und Oktavverdopplungen bringen Leben in den Mix.

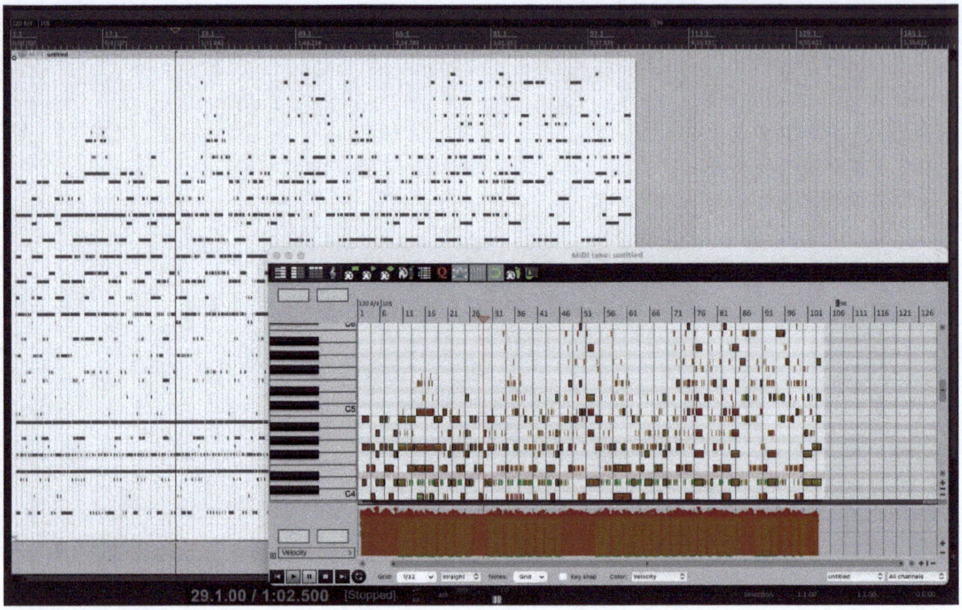

Bild 5.3 Midi-Spur

Layering funktioniert am besten mit klaren Rollen. Stell dir einen Synth-Lead als Baukasten vor. Ein Sub-Layer liefert Fundament (Sinus- oder Rechteckwelle, tief, monophon, meist mittig). Der Body-Layer gibt den Charakter (Sägezahnwelle mit Filter, leichtes Vibrato). Der Air-Layer bringt Präsenz (rauschiger Anteil oder ein dünner, obertonreicher Layer oberhalb von 5 kHz). Forme diese drei Ebenen vorerst getrennt, weise jedem Layer seinen Job zu und filtere sie entsprechend. Anschließend summierst du alle Spuren in eine Busspur. Bei einer Busspur handelt es sich um eine Gruppe. Hier können Audiosignale summiert und gemeinsam bearbeitet werden. Dort kann dann leicht saturiert werden. Zusätzlich können die Spuren mit einem Kompressor „zusammengeklebt" werden. Dein Lead-Sound bleibt so kontrollierbar und der Mix dankt es dir.

Bei Drums sind Ghost Notes und Round Robin die Abkürzung zu Natürlichkeit. Viele Drum-Libraries haben die Round-Robin-Funktion automatisch aktiviert. Lass es an. Verteile Snare-Ghost-Notes mit sehr niedriger Velocity zwischen den Backbeats. Setze Flam-Effekte ein, indem du zwei sehr kurze Noten dicht voreinander platzierst, eine leiser als die andere. Variiere HiHat-Öffnungen. Eine minimal geöffnete Hat an Übergängen hebt die Energie, ohne groß lauter zu werden. Nutze Mutes: Der Moment der Stille vor einem Fill bringt eine gute Abwechslung in den Mix.

Für den Midi-Bass sollte man zwei Dinge im Kopf behalten: Er sollte nicht gegen die Kick arbeiten und muss auch auf kleinen Speakern funktionieren. Lege Bassnoten also so, dass der Bass-Anschlag und die Kick nicht exakt kollidieren. Ein geringes Vor- oder Nachhintenziehen reicht. Kürze die Bass-Noten minimal vor dem Kickeinsatz.

Wenn der Bass zu sauber ist, layer einen leisen, obertonreichen Basssound dazu und stelle diesen eine Oktave höher. Mische diese Spur leise dazu. Filtere unten, damit nur die Obertöne bleiben. Schon ist der Bass auf dem Handy hörbar.

Keys und Pads sind oft zu dicht. Lasse Lücken. Spiele Akkorde nicht als Blöcke, sondern arpeggiere leicht. Nimm einzelne Noten regelrecht aus dem Akkord heraus, wenn sie mit der Stimme kämpfen. Verteile Layer über das Panorama, aber halte die unteren Noten enger zur Mitte. So bleibt der Bassbereich stabil. Ein Pad, das im unteren Mittenband zu viel Fläche macht, bekommt kürzere Notenlängen und einen kleinen Low-Pass-Filter.

Färbe die Spuren vernünftig ein, damit du während der Produktion den Überblick behältst.

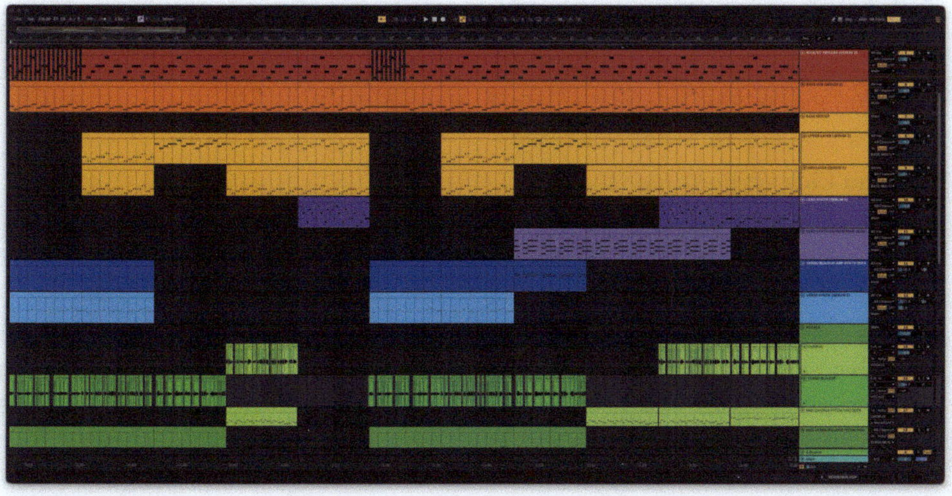

Bild 5.4 Die Einfärbung der Instrumente und Spuren ist wichtig für den Workflow

Damit die Produktion nicht langweilig wird, arbeite mit Abweichungen, spiel z. B. mit der Velocity. Baue Steigerungen für die Refrains ein und achte auf die Details. So erzählt die Musik wirklich eine Geschichte.

Zum Schluss der technische Rückenwind. Setze Buffer beim Einspielen niedrig, damit das Timing stimmt. Nutze Quantisierung nur zur Ordnung, korrigiere den Rest von Hand. Speichere dir MIDI-Templates ab. Ein Drum-Rack mit Kicks, Snares und Hats auf festen Noten. Ein Piano mit sinnvoll gesetzter Velocity-Kurve. Ein Strings-Stack mit vorbereiteten Keyswitches. So startest du musikalisch, nicht technisch. Als weiterer Tipp: Friere CPU-hungrige Instrumente ein, sobald der Part steht. Dann lässt es sich entspannter mischen.

Gute MIDI-Parts entstehen in einer klaren Reihenfolge. Du setzt einen Puls, ordnest mit sanfter Quantisierung und widmest dich der Anschlagstärke und Notenlänge. Du nutzt Ghost Notes und kleine Timing-Verschiebungen für Groove, setzt Artikulationen bewusst ein und baust Layer mit klaren Aufgaben. Die Sounds werden für den Mix gestaltet und nicht einzeln. Du automatisierst, um der Produktion mehr Leben zu geben. So entstehen Spuren, die im späteren Mix Platz lassen und trotzdem ausdrucksstark wirken.

Praxisbeispiele

Drum-Groove-Pop

Du legst Kick auf 1 und 3, Snare auf 2 und 4. HiHat als Achtel, jede dritte Hat leiser. Quantisierung auf 16tel bei 60 %, Hats bekommen 55 % Swing. Zwei Ghost Notes der Snare kurz vor der 2 und 4 mit sehr geringer Velocity. Ergebnis: stabil, aber lebendig.

Trap-HiHats ohne Starrheit

Raster 1/32. Du programmierst Rolls nur an Übergängen. Velocity-Rampe innerhalb des Rolls (ansteigend und abfallend), einzelne Noten um 4–8 Millisekunden vor oder nach dem Raster. Eine minimal geöffnete Hat auf der Eins jedes zweiten Takts. Der Groove kippt nach vorn, ohne zu rasen.

Bass und Kick verheiraten

Bassnoten enden jeweils 10–20 Millisekunden vor der Kick. Velocity moderat, jede vierte Note etwas lauter. Darüber ein leiser Oberton-Layer eine Oktave höher, unterhalb 200 Hz gefiltert. Der Bass ist auf dem Handy hörbar, die Kick bleibt definiert.

Mit musikalischem MIDI und klaren Layern klingen deine Produktionen schon gut, bevor der Mix beginnt. Wir steigen in das Frequenzspektrum ein und lernen den Equalizer als präzises Werkzeug kennen. Du erfährst, welche Bereiche für Druck, Wärme, Präsenz und Glanz verantwortlich sind, warum subtraktives Arbeiten oft natürlicher wirkt und wie du mit wenigen, gezielten Eingriffen Ordnung in dichte Arrangements bringst. Die Abhörbasis aus diesem Kapitel macht diese Entscheidungen nicht nur leichter, sondern vor allem reproduzierbar. So wächst mit jedem Mix dein Vertrauen in das, was du hörst.

6 Der Equalizer und das Frequenzspektrum

Jetzt, wo deine Abhöre steht und du verlässlich hören kannst, wird es Zeit für das Werkzeug, das du in jeder Session brauchst: den Equalizer. Er formt den Klang, gibt Instrumenten ihren Platz im Mix und macht störende Anteile leiser. In diesem Kapitel lernst du das Hörspektrum in einfachen Bildern kennen, verstehst die wichtigsten Filtertypen und ihre Parameter und du bekommst eine klare Schrittfolge, wie du in der Praxis vorgehst. Wir arbeiten uns vom großen Ganzen zu den Details vor. Erst das Spektrum, dann die Filter, dann konkrete Moves. Du wirst merken, dass kleine und gezielte Eingriffe die Mischung ruhiger und gleichzeitig klarer machen. Das ist nicht schwer, wenn man weiß, worauf man hört.

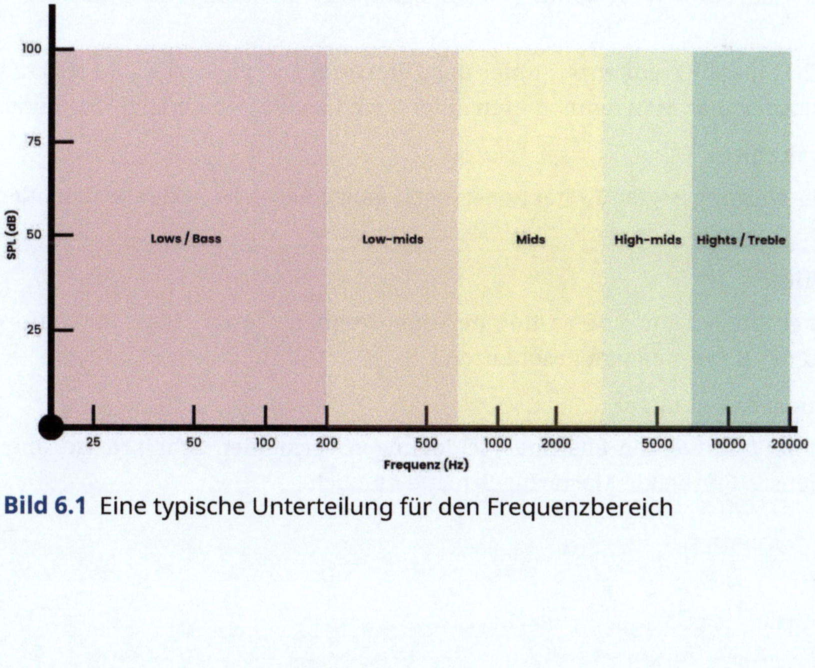

Bild 6.1 Eine typische Unterteilung für den Frequenzbereich

Definitionen wichtiger Begriffe

Frequenz

Die Anzahl der Schwingungen pro Sekunde. Sie wird in Hertz gemessen. Tiefe Frequenzen schwingen langsam, hohe schnell.

Hörbereich

Menschen hören grob von 20 Hertz bis 20 Kilohertz (kHz). Ganz tiefe Frequenzen fühlt man eher, als dass man sie hört. Ganz hohe Töne klingen nach Luft und Glanz.

Frequenzband

Ein steuerbarer Bereich im Equalizer. Jedes Band kann einen bestimmten Frequenzbereich anheben oder absenken.

Gain

Die Lautstärkeänderung innerhalb eines Bands. Positive Werte heben an. Negative Werte senken ab.

Q oder Güte

Die Breite eines Bands. Ein hoher Q-Wert ist schmal und präzise. Ein niedriger Q-Wert ist breit und wirkt natürlich.

Filter

Ein Baustein im Equalizer. Es gibt Glockenfilter, Kuhschwanzfilter, Hochpass- und Tiefpassfilter. Jeder Filter hat eine eigene Aufgabe:

- **Hochpass und Tiefpass**

  Hochpassfilter lassen Frequenzen über der Filterfrequenz passieren und sperren Frequenzen darunter. Man nennt den Hochpassfilter auch High-Pass oder Low-Cut.

  Tiefpassfilter lassen Frequenzen unter der Filterfrequenz passieren und sperren Frequenzen darüber. Man nennt diesen Filter auch Low-Pass- oder High-Cut-Filter.

- **Kuhschwanzfilter**

  Ein sanfter Neigungsregler. Er hebt oder senkt ganze Bereiche in den Tiefen oder Höhen an.

- **Glockenfilter**

  Ein gezielter Eingriff, um eine bestimmte Mittenfrequenz herum. Ideal für Tonformung und das Entfernen von Resonanzen.

- **Phasenlinearer Equalizer**

  Eine digitale Variante, die Phasenverschiebungen vermeidet. Sehr präzise, aber rechenintensiv. Für heikle Mastering-Schritte nützlich.

Dein Hörspektrum auf einen Blick

Das Frequenzspektrum ist wie folgt aufgebaut: Ganz unten, zwischen 20 Hz und 40 Hz, ist der **Subbass**. Man hört ihn kaum, man fühlt ihn eher. Viele Lautsprecher geben ihn nur andeutungsweise wieder. Etwas darüber, grob von 40 bis 80 Hz, sitzt der tiefe Bass. Hier haben Kick und tiefe Bassnoten den Körper. Zwischen 80 und 200 Hz spricht man oft vom oberen Bass. Zu viel davon macht die Mischung „wummerig“. Zu wenig und die Produktion wirkt dünn. Zwischen 200 und 500 Hz liegen die tiefen Mitten. Dort wohnen Wärme und Fülle von Gitarren, Pianos, Synths und vielen Stimmen. Gleichzeitig versteckt sich hier gern matschiger Klang. Eine kleine, gezielte Absenkung kann oft Wunder wirken. Die Mitten erstrecken sich von 500 Hz bis ungefähr 5 kHz. Zu wenig klingt entfernt. Zu viel wirkt oft blechern. Frequenzen von 3 – 5 kHz steuern zusätzlich Verständlichkeit und Präsenz. Vorsicht, zu viel macht Musik schrill und anstrengend. Oberhalb von 5 kHz bis etwa 12 kHz wohnen die Höhen. Dort schimmern Hall und Artikulation. Ganz oben, von 12 bis 20 kHz, liegt das, was viele als „Luftigkeit“ bezeichnen. Es öffnet die Mischung, solange du es nicht übertreibst.

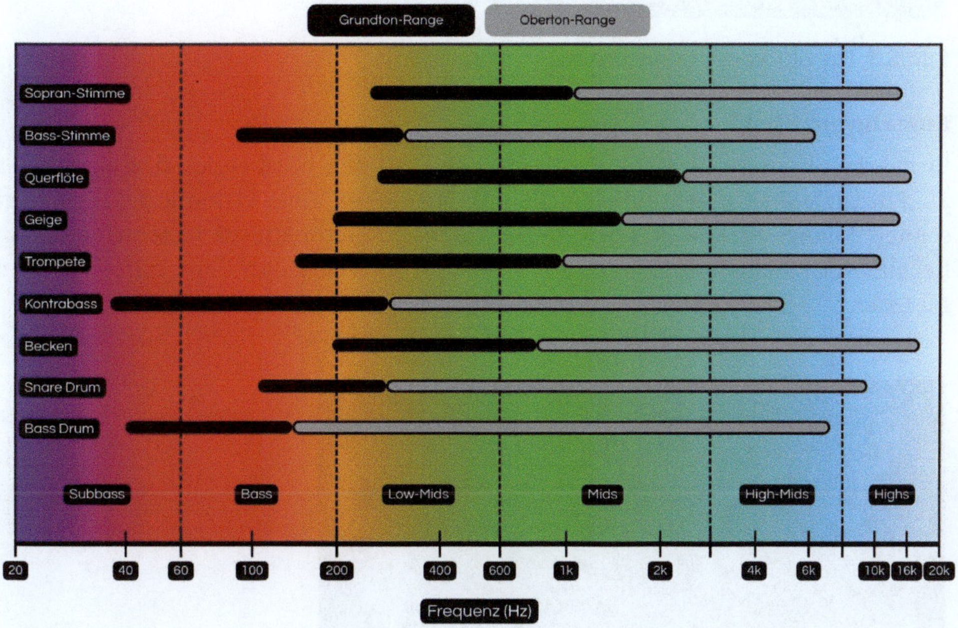

Bild 6.2 Eine kleine Unterteilung für Instrumente

Höre erst grob in Zonen. Frage dich bei jedem Element: Fehlt Körper? Fehlt Wärme? Fehlt Präsenz? Fehlt Luftigkeit (englisch: „Air“)?

Die wichtigsten Filtertypen praktisch erklärt

Glockenfilter

Er sieht in der Ansicht des Equalizers aus wie ein Hügel oder ein Tal. Mit der Mittenfrequenz bestimmst du den Mittelpunkt. Mit Gain hebst du an oder senkst ab. Mit Q legst du fest, ob du schmal und chirurgisch arbeitest oder breit und musikalisch. Schmale Bänder mit Q > 5 sind gut, um pfeifende Resonanzen zu zähmen. Breite Bänder mit Q 1,5 oder niedriger sind gut, um Charakter zu formen.

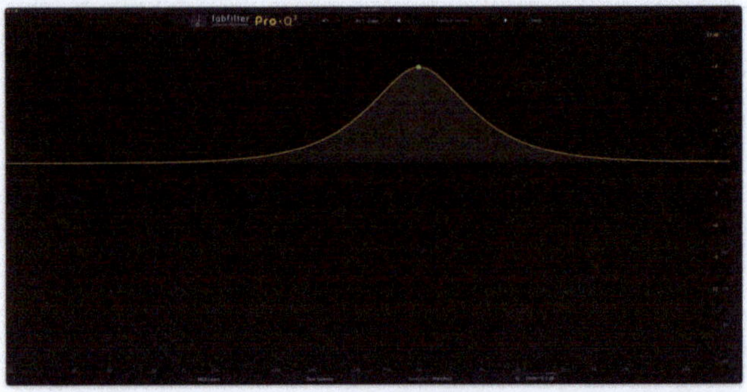

Bild 6.3 Ein Glockenfilter im Einsatz

Kuhschwanzfilter

Er bearbeitet große Bereiche. Ein Low-Shelf hebt den Bassbereich flächig an oder ab. Ein High-Shelf macht das Gleiche mit den Höhen. Eine kleine Regelung bringt schnell Balance zurück. Zu große Regelungen wirken oft künstlich. Achte vor allem bei einem High-Shelf auf Zischlaute. Wenn die Stimme scharf wird, hilft später ein De-Esser.

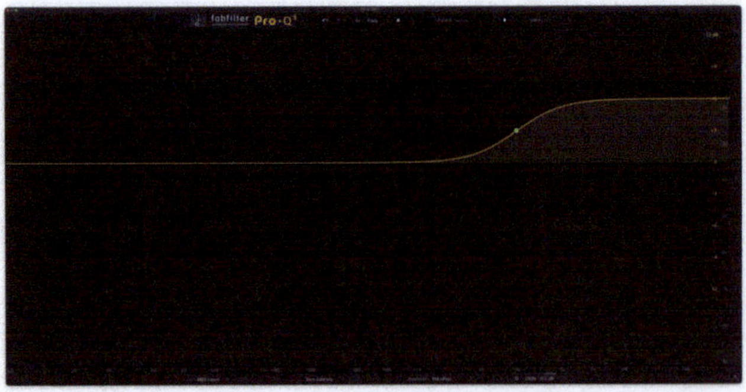

Bild 6.4 Ein Kuhschwanzfilter im Einsatz

Hochpassfilter

Er räumt unten auf. Viele Spuren tragen unnötige Tiefe. Ein sanfter Hochpass mit moderater Steilheit schafft Platz, ohne den Klang dünn zu machen. Stelle den Hochpass nicht zu steil und nicht zu hoch ein. Ein wenig Fundament darf bleiben.

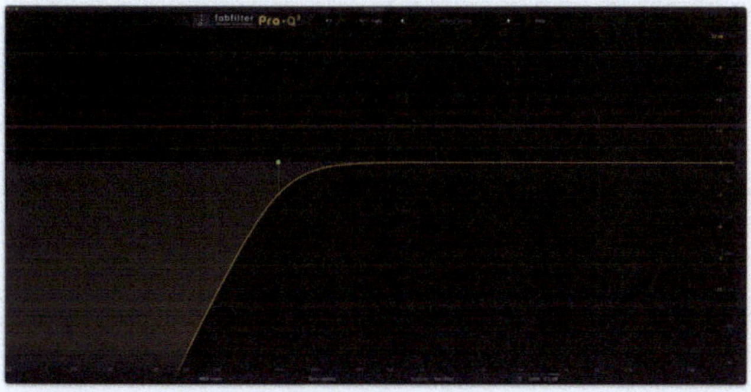

Bild 6.5 Ein Low-Cut im Einsatz

Tiefpassfilter

Er ist seltener. Man nutzt ihn, um harte Höhen bei Becken, Rauschen oder Effekten zu begrenzen. Auch als Effekt auf Delays und Reverbs ist er Gold wert. So rücken zeitliche Effekte nach hinten und stören die Klarheit nicht.

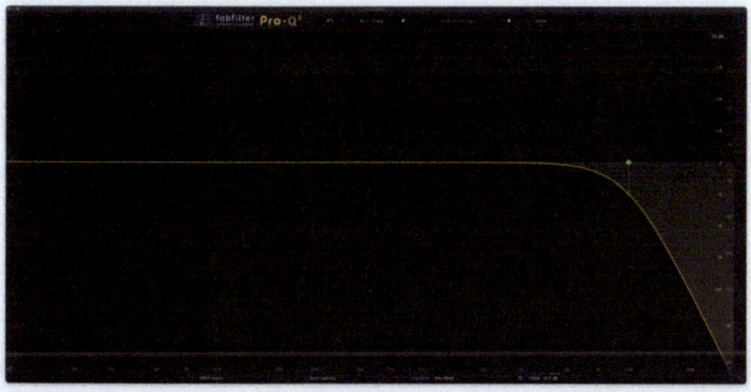

Bild 6.6 Ein High-Cut im Einsatz

Glocke für Präzision. Shelf für Balance. Hochpass und Tiefpass für Ordnung.

So setzt du EQ-Parameter sicher ein

Die Frequenz ist der Anker. Es sollte also eine sinnvolle Mittenfrequenz gewählt werden. Gain ist die Dosis. Bevorzugt in kleinen Schritten arbeiten. Halbiere, was du spontan einstellen würdest. Meist reicht das. Der Q regelt die Wirkung. Schmal für Störer. Breit für Charakter. Achte beim Drehen auf Pegel. Lauter klingt oft besser, auch wenn es nicht besser ist. Mache daher AB-Vergleiche mit angepasstem Pegel. Wenn dein Equalizer eine Auto-Gain-Funktion anbietet, nutze sie bewusst. Wenn nicht, regle die Summe kurz nach. So hörst du den Eingriff und nicht den Lautheitsunterschied.

Augen lügen. Ohren entscheiden. Verlasse dich nicht auf die Form der Kurve, sondern auf den Vorher/Nachher-Vergleich.

Subtraktives Bearbeiten vor additivem Arbeiten

Subtraktive Bearbeitung bedeutet, zuerst wegzunehmen, was stört. Das klingt natürlicher und macht Platz in der Mischung. Ein Beispiel: Die Akustikgitarre kollidiert mit der Stimme. Statt die Vocals im Mix zu pushen, suche bei der Gitarre in den unteren Mitten nach einem Bereich, der mulmt, und senke dort leicht ab. Oft genügen 1 bis 2 dB. Danach kann ein sehr breiter High-Shelf die Luft der Gitarre ein bisschen öffnen. Wenn du dich dabei fragst, ob es zu viel ist, ist es meist zu viel. Drehe zurück, bis du den Eingriff fast nicht mehr hörst. Wenn du ihn vermisst, wenn du den EQ ausschaltest, ist es genau richtig.

Sweepen ohne Fallen

Sweepen bedeutet, mit einer schmalen Glocke und deutlicher Anhebung durch das Spektrum zu fahren, um Störer zu finden. Das ist hilfreich, kann aber die Ohren ermüden.

So machst du es sauber: Stelle Q eher schmal. Hebe 6 bis 9 dB an. Fahre langsam durch das Spektrum. Wenn eine Stelle unangenehm hervorspringt, merke dir die Frequenz. Setze den Gain auf negativ und reduziere moderat. Senke ca. 3 bis 5 dB ab. Wenn der Klang auf einmal matt wird, war es zu viel. Mache immer wieder Pausen. Nach ein paar Minuten hört man überall Probleme. Dann ist ein kurzer Reset für dein Gehör besser als der nächste Schnitzer.

Nutze die Solo-Funktion des EQ-Bandes nur kurz. Entscheidend ist, wie sich jede Änderung im Gesamtmix auswirkt.

Typische EQ-Moves für zentrale Quellen

Kick

Suche den Körper zwischen 50 und 80 Hz. Wenn nötig, reduziere Wummern um 200 Hz. Hebe bei 2 bis 6 kHz sehr dezent an, um den Attack der Kick zu betonen. Wenn sie im Mix knacken soll, hebe etwas stärker an.

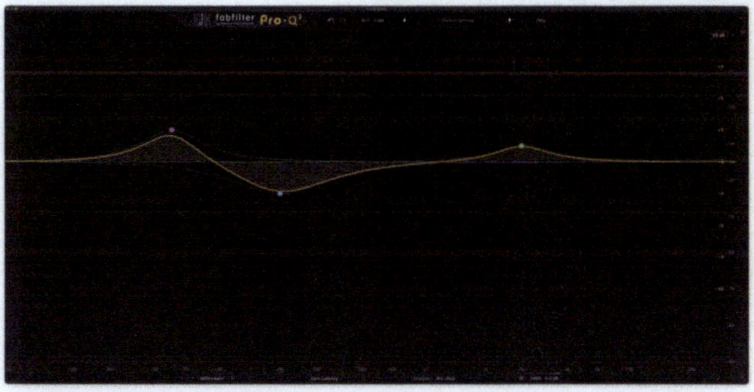

Bild 6.7 Eine typische EQ-Kurve für die Kick

Bass

Entscheide dich: Nur Fundament oder auch Mittenton für kleine Lautsprecher? Ein schmaler Boost bei einer charakterstarken Note bringt Wiedererkennung. Ein leichter Cut bei kollidierenden Kickfrequenzen schafft Ordnung.

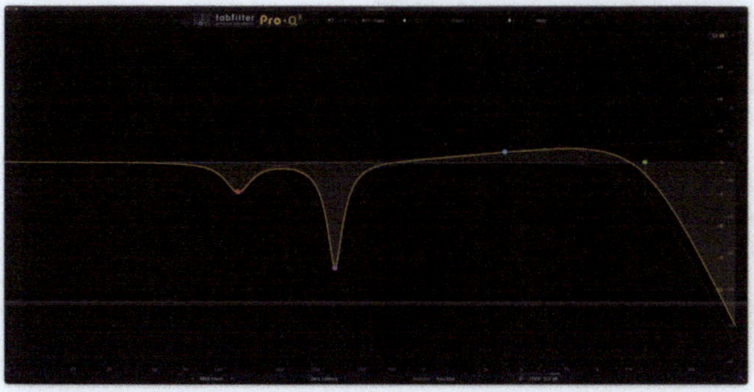

Bild 6.8 So kann eine Bearbeitung für den Bass aussehen

Snare

Etwas Gewicht bei 150 bis 250 Hz. Ringende Resonanzen zwischen 400 und 800 Hz mit schmaler Glocke zähmen. Knack bei 2 bis 5 kHz vorsichtig formen. Luft der Teppichseiten in den Höhen sehr dezent anheben, falls nötig.

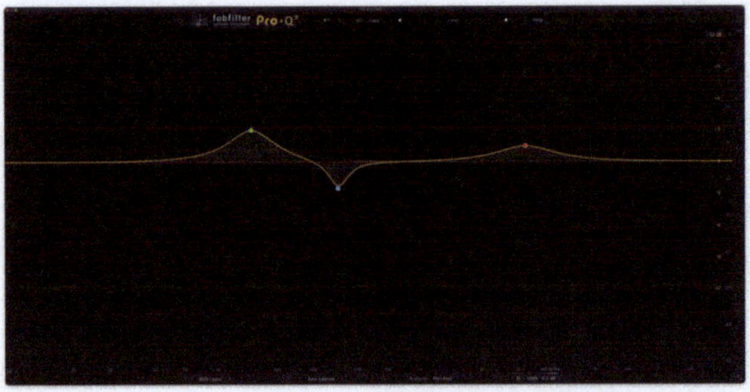

Bild 6.9 Eine typische Bearbeitung für eine Snare

Gesang

Hochpass mit Gefühl, und nicht zu hoch, damit das Fundament der Stimme bestehen bleibt. Nasalität oft um 700 – 800 Hz. Schärfe oft zwischen 2 und 4 kHz. Luftigkeit kann ein sanfter High-Shelf oberhalb von 8 bis 10 kHz geben. Prüfe danach Zischlaute. Lieber leicht de-essen, als die Höhen zu stark zurückzuregulieren.

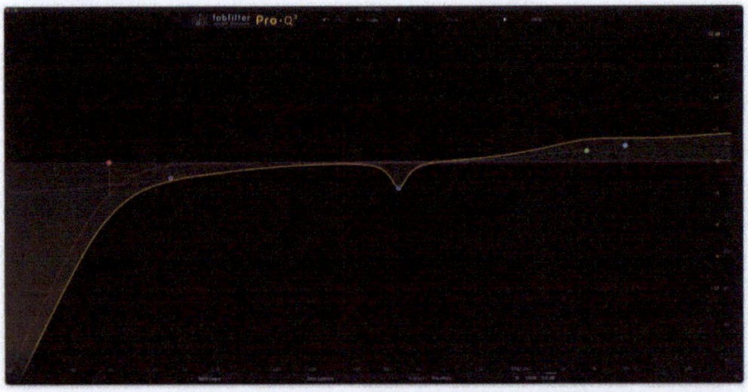

Bild 6.10 So kann eine Bearbeitung für eine Gesangsspur aussehen

E-Gitarre

Wärme bei 200 bis 400 Hz behutsam bearbeiten. Härte um 2 bis 3 kHz bei Bedarf dämpfen. Ein sanfter Low-Pass kann das obere Rauschen kappen und Platz für Becken lassen.

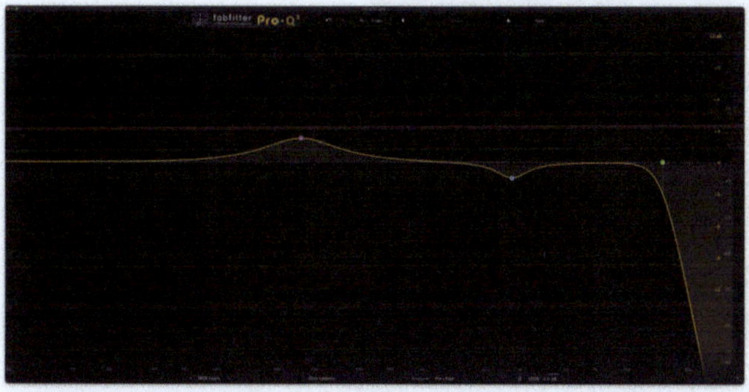

Bild 6.11 So kann eine Bearbeitung für eine E-Gitarre aussehen

Piano und Keys

Platz schaffen in den unteren Mitten. Ein breiter Cut um 250 bis 400 Hz räumt oft auf. Danach lässt sich der Glanz oberhalb von 6 kHz fein dosieren.

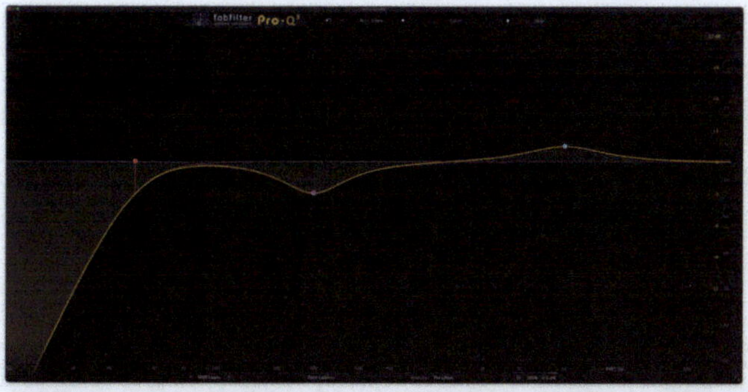

Bild 6.12 So kann eine Bearbeitung für Key aussehen

Hall und Delay

Mit einem Hochpass aufräumen. Mit einem Tiefpass die Härte abschneiden. So rücken die Effekte nach hinten und stützen, statt zu übermalen.

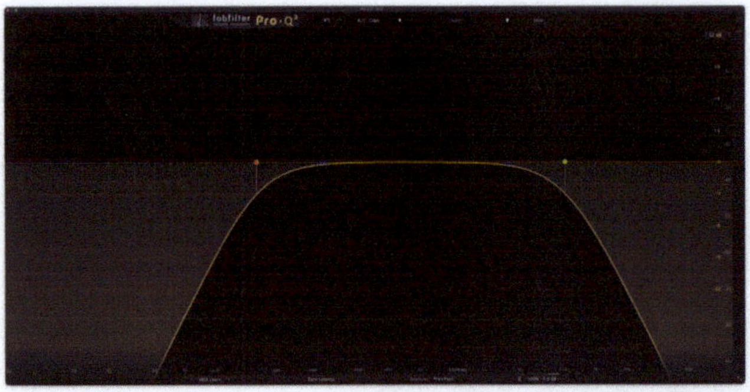

Bild 6.13 Eine typische Frequenzen-Begrenzung von einem Hall

Linear Phase EQ

Phasenlineare Equalizer vermeiden Phasenverschiebungen und sind bei heiklen Summen-Eingriffen nützlich. Allerdings beansprucht diese Art von Equalizer eine hohe CPU-Auslastung.

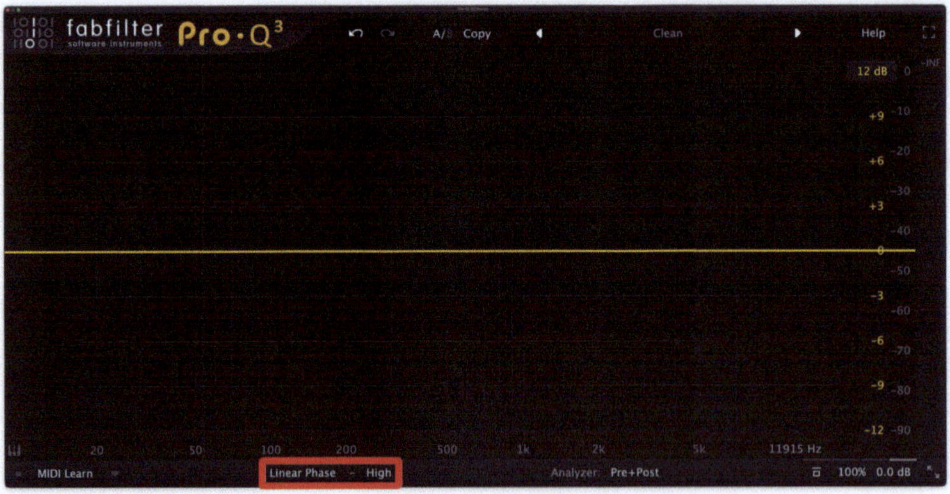

Bild 6.14 Der Fabfilter Pro Q3 bietet einen Linear-Phase-Modus

Passive EQ

Passive Equalizer sind analoge Geräte. Es gibt sie in digitaler Form als Plug-ins. Sie färben schön und eignen sich für breite, musikalische Bearbeitungen.

Bild 6.15 Der Massive Passive von Manley im Einsatz

> Nutze verschiedene EQs für verschiedene Zwecke. Chirurgische Eingriffe mit parametrischen EQs. Und für den Charakter, passive EQs.

Ein kompakter Workflow für jede Session

1. Höre das Element solo kurz an, dann im Kontext. Entscheide, welche Rolle es im Arrangement hat.
2. Setze einen sanften Hochpass, wenn die Spur unnötige Tiefe trägt. Arbeite mit moderater Steilheit.
3. Finde zwei kleine Störer mit schmalen Glocken und nimm sie weg. Maximal drei. Subtraktiv zuerst.
4. Gib dem Element mit einer breiten Glocke oder einem Shelf genau den Charakter, den es für seine Rolle braucht.
5. Vergleiche lautheitskorrigiert. Wenn es bei leiser Lautstärke besser ordnet und bei normaler Lautstärke nicht nervt, passt es.

> Weniger Bänder, mehr Wirkung. Zwei gute Entscheidungen schlagen 15 zufällige.

Der Equalizer ist dein Ordnungssystem. Wenn du das Spektrum in Zonen hörst und die Filter gezielt einsetzt, fügen sich die Elemente wie Puzzleteile zusammen. Die Glocke nimmt Störer und formt Charakter. Der Kuhschwanz korrigiert die Balance. Der Hochpass schafft Platz in der Tiefe. Der Tiefpass bringt Ruhe in den oberen Bereich. Arbeite subtraktiv vor additiv, vergleiche lautheitskorrigiert, nutze Mono-Checks und mache Pausen. Die Mischung wird dadurch nicht nur klarer, sondern auch angenehmer zu hören. So entstehen Entscheidungen, die auf Kopfhörern, im Auto und auf kleinen Lautsprechern funktionieren.

Ein guter EQ-Eingriff ist der, den man vermisst, wenn man ihn ausschaltet, nicht der, den man ständig hört.

Praxisbeispiele

Praxisbeispiel Stimme

Die Rap-Stimme klingt scharf und trotzdem matt. Hochpass bei 70 Hz mit moderater Steilheit. Nasalität bei ca. 700 – 800 Hz um 2 dB absenken. Schärfe bei 3,5 kHz um 3 dB reduzieren. Danach einen sehr sanften High-Shelf ab 10 kHz mit 1 bis 2 dB für Luft. Ergebnis: verständlicher Text ohne Zischen. Der Mix wirkt ruhiger.

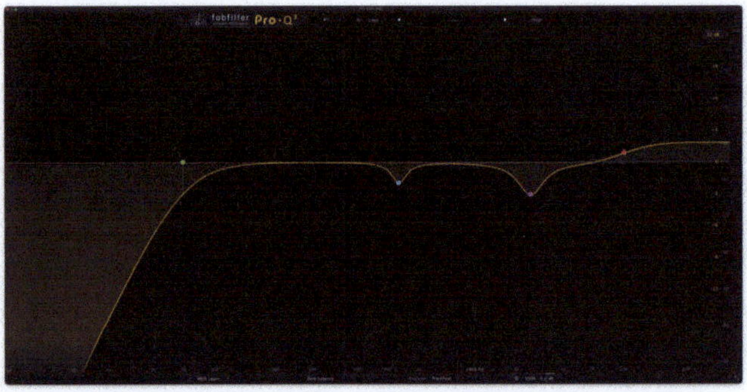

Bild 6.16 Eine EQ-Kurve für die Stimmenbearbeitung

Praxisbeispiel Drum-Raum

Der Raum Mikrokanal klingt hohl. Breite Absenkung bei 400 bis 500 Hz um 2 bis 3 dB. Ein Hauch High-Shelf ab 8 kHz für Offenheit. Ergebnis: mehr Größe ohne Mumpf.

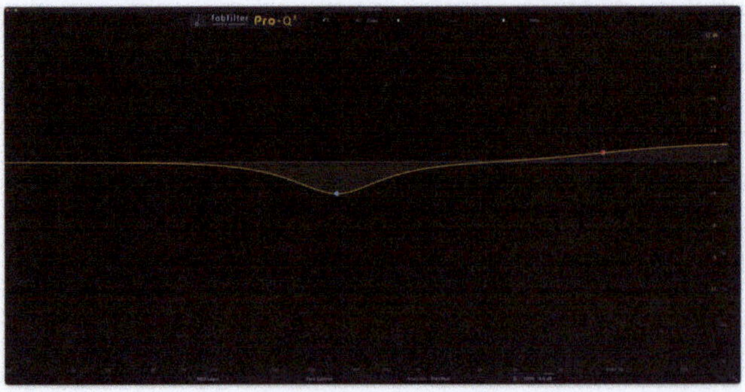

Bild 6.17 Eine EQ-Kurve für den Drum-Raum

Dokumentiere erfolgreiche Moves. Eine kleine Tabelle mit Frequenz, Q und Gain hilft dir, Muster zu erkennen und schneller zu werden.

Mit dem Equalizer hast du Ordnung geschaffen. Laute Stellen springen aber noch unangenehm heraus und leise Details verschwinden im Arrangement. Genau hier setzt die Dynamikbearbeitung an. Im nächsten Kapitel lernst du dynamische Effekte kennen. Vom Kompressor über den Expander bis zum Limiter. Du erfährst, was Attack, Release, Ratio und Threshold in der Praxis bedeuten, warum mehrere sanfte Schritte besser klingen als ein harter und wie Sidechain-Techniken Platz schaffen, ohne den Klang zu verbiegen. Die Kombination aus sauberer EQ-Arbeit und gezielter Dynamik ist das Rückgrat jeder Mischung.

Erst Platz schaffen, dann Pegel formen. Dynamikbearbeitung wirkt erst richtig, wenn die Frequenzen sich nicht mehr gegenseitig im Weg stehen.

7 Dynamische Effekte in der Praxis

Nachdem du mit dem Equalizer Ordnung in das Frequenzbild gebracht hast, geht es jetzt um die Dynamik des Signals. Dynamikbearbeitung formt Lautstärke über die Zeit. Die Dynamik entscheidet unter anderem, wie gleichmäßig eine Performance wirkt. Viele stellen sich Kompression zunächst als Lautstärkehebel vor, tatsächlich ist sie eher eine zeitabhängige Bremse, die du fein dosierst, damit Musik kontrolliert, aber lebendig bleibt. In diesem Kapitel lernst du, was dynamische Effekte eigentlich tun, wie die wichtigsten Parameter musikalisch zusammenwirken und wie sich verschiedene Bauarten klanglich unterscheiden. Du wirst Schritt für Schritt verstehen, warum zwei sanfte Eingriffe oft eleganter klingen als ein harter und wie Sidechain und Paralleltechniken Platz schaffen, ohne den Klang zu stark zu beeinträchtigen. Ziel ist, dass du nach dem Lesen sinnvolle Startwerte ohne Grübeln findest, schnell hörbare „Aha-Effekte" erzeugst und deine Ohren bei jedem Handgriff das letzte Wort behalten.

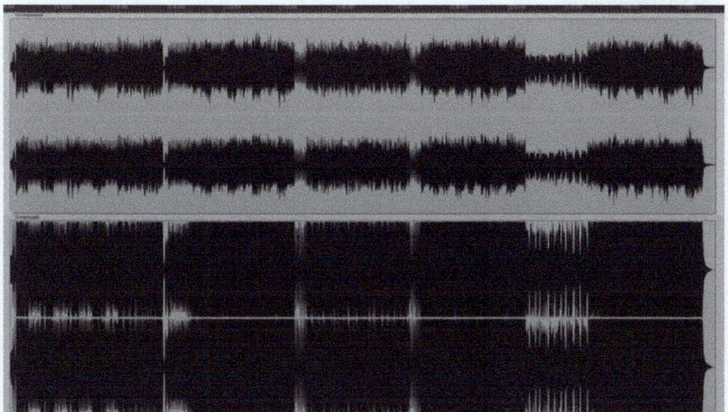

Bild 7.1 Ein Vergleich zwischen einer unkomprimierten und komprimierten Spur

Kompression lenkt Aufmerksamkeit. Wer Zeitparameter beherrscht, entscheidet, was im Mix als erstes gehört wird.

Damit wir über dasselbe sprechen, klären wir die Sprache der Dynamikbearbeitung in Reihenfolge. „Dynamische Effekte" ist der Sammelbegriff für Werkzeuge, die den Pegel eines Signals steuern. Man nennt sie auch **Regelverstärker**. Dazu zählen Kompressor, Limiter, Gate und Expander, außerdem Spezialisten wie De-Esser und dynamische Equalizer. Der **Threshold** ist der Schwellwert, ab dem Regelung beginnt. Liegt die Signalspitze darunter, arbeitet der Kompressor nicht. Liegt sie darüber, greift er zu. Die Ratio beschreibt, wie stark diese Regelung ist. **Attack** steht für die Zeit, die nach dem Überschreiten vergeht, bis die eingestellte Regelung beginnt. **Release** ist die Zeit, die das Gerät braucht, um nach dem Unterschreiten wieder loszulassen. Das **Knee** beschreibt, ob die Regelung langsam einsetzt oder abrupt. Mit **Make-up Gain** hebst du das komprimierte, also leiser gewordene Signal wieder auf deinen Arbeitspegel. Eine **Sidechain** ist ein Steuersignal, oft von einer anderen Spur, das bestimmt, wann und wie stark der Kompressor reagiert.

Bild 7.2
Ein Kompressor mit seinen Parametern

Ein **Limiter** arbeitet wie ein Kompressor mit sehr hoher Ratio (ab einer Ratio von 10:1) und dient dazu, Spitzen sicher abzufangen.

Bild 7.3
Der interne Limiter von Cubase

Ein **Gate** macht das Gegenteil eines Kompressors: Es senkt Pegel unterhalb eines Schwellwertes ab, sodass Stille oder leise Nebengeräusche nicht stören.

Bild 7.4
Das interne Gate-Plug-in von Cubase

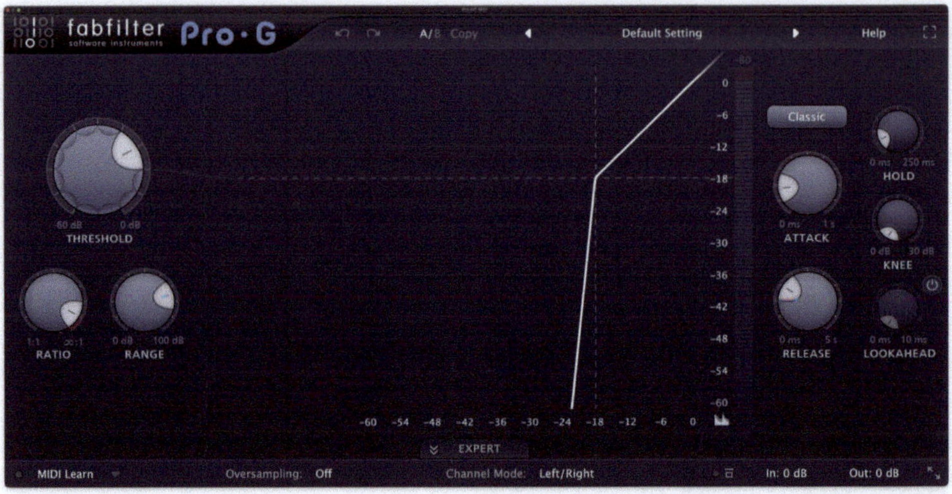

Bild 7.5 Der Fabfilter Pro G kann als Gate und als Expander verwendet werden

> Threshold sagt, ab welchem Pegel, Ratio sagt, wie stark, Attack und Release bestimmen, ab wann und wie lange.

Stell dir zur Orientierung ein Koordinatensystem vor. Auf der waagerechten Achse liegt der Eingangspegel, auf der senkrechten der Ausgangspegel. Ohne Kompression ist die Linie diagonal, jeder Pegel am Eingang führt zu gleichem Pegel am Ausgang. Setzt du einen Threshold, knickt die Linie dort ab. Je höher die Ratio, desto flacher wird sie oberhalb des Knickpunkts. Damit ist die statische Seite beschrieben. Musik ist jedoch Bewegung. Die zeitliche Seite entscheidet, ob ein Schlag spitz, rund oder geatmet wirkt. Lässt du die Attack-Zeit bewusst etwas länger, kann der Transient, also der erste kleine Energieblitz, ungebremst durch. So bleibt Punch erhalten. Stellst du die Attack-Zeit zu kurz, werden Transienten platt und der Eindruck verliert an Leben. Die Release-Time legt fest, wie lange die Dämpfung gehalten wird. Ein Release-Wert, der zum Grundpuls der Musik passt, lässt das Signal natürlich atmen. Ein zu kurzes Release erzeugt hörbares Pumpen, ein zu langes klebt die Spur fest und macht Übergänge träge. In der Praxis stellst du beides nicht abstrakt ein, sondern du hörst auf Silbenanfänge, auf den Anschlag einer Snare und auf den Groove im Bauch. Wenn der Anfang abgebissen klingt, war die Attack zu kurz. Wenn der Grundton anschwillt und wieder loslässt, obwohl die Performance konstant ist, war das Release zu kurz. Knochenarbeit ist das nicht. Mit zwei oder drei Versuchen findest du schnell die Zone, in der der Kompressor unauffällig hilft.

Wenn du die einzelnen Regler nun gezielt in die Hand nimmst, hilft eine klare Reihenfolge. Lege zuerst die Rolle der Spur fest. Soll sie ruhig und tragend werden oder vorne und griffig. Starte mit einem eher hohen Threshold, sodass nur gelegentlich Regelung stattfindet, und senke ihn dann langsam, bis die Anzeige bei den lauten Momenten moderat ausschlägt. Wähle im zweiten Schritt eine Ratio, die zur Aufgabe passt. Mittelwerte lassen eine Spur zusammenrücken, ohne dass Artefakte entstehen. Hohe Verhältnisse sind Reservetools, wenn du Peaks sicher abfangen willst. Stelle danach die Attack-Zeit so, dass der Einschwingvorgang der Quelle natürlich bleibt. Bei Vocals darf die Konsonantenkante hörbar sein, bei Drumspuren ist es oft der erste Millimeter-Punch, der den Unterschied macht. Passe schließlich das Release an die Bewegung im Takt an. Wenn die Gain Reduction bis zum nächsten Schlag oder zur nächsten Silbe sinnvoll zurückkommt, atmest du im Puls. Wähle das Knee passend zum Material. Ein weicher Übergang wirkt musikalischer und ist ideal, wenn du auf Bussen klebst. Ein hartes Knee ist direkter und macht perkussive Quellen griffig. Hebe am Ende mit Make-up Gain so viel an, dass Bypass und aktiv gleich laut wirken. Nur so hörst du die Qualität der Änderung und nicht nur den Lautheitsunterschied.

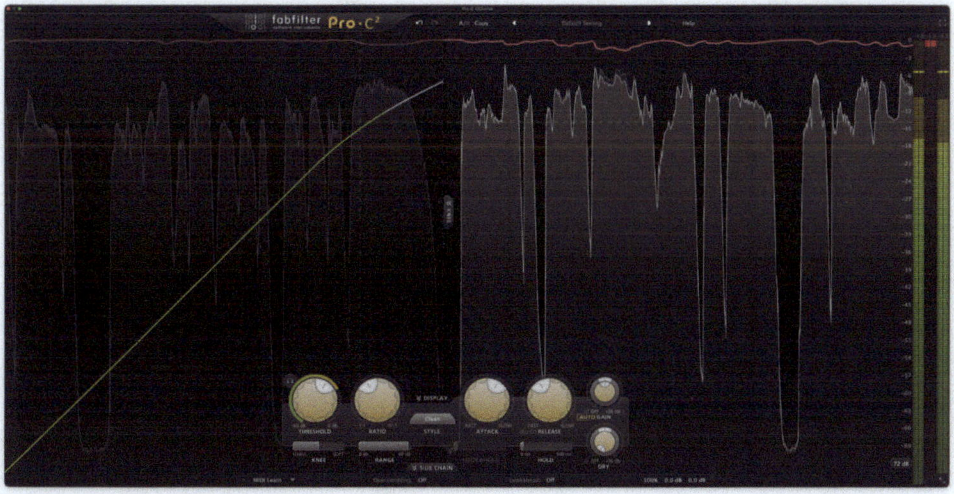

Bild 7.6 Ein Kompressor bei der Arbeit

Bild 7.7
Beim SSL-Bus-Compressor handelt es sich um einen VCA-Kompressor

Klangfarbe und Reaktionscharakter hängen außerdem von der Bauart ab. VCA-Kompressoren sind elektronisch gesteuert, schnell und sauber. Sie eignen sich für Kick, Basskontrolle, Drumbus und alle Situationen, in denen Präzision wichtig ist. Stereo-VCA-Kompressoren sorgen für „Glue“. Sie kleben Summen sozusagen zusammen.

FET-Kompressoren arbeiten nochmal schneller und bringen eine eigensinnige Präsenz mit. Sie legen eine Spur nach vorn und geben Snare- oder Rock-Vocals den berühmten Griff.

Bild 7.8 Ein Nachbau des berühmten 1176-Kompressors

Opto-Kompressoren regeln über Licht und fotoleitenden Widerstand. Sie sind die Gentlemen unter den Kompressoren, reagieren langsam, rund und musikalisch und sind deshalb eine sichere Bank für Gesang und Bass, wenn es schmeichelnd bleiben soll.

Bild 7.9 Eine Emulation des LA-2A

Der Vari Mu, mit Röhren und variabler Verstärkung realisiert, verleiht Gruppen und der Summe Größe und klebenden Zusammenhalt.

Bild 7.10 Der Vari Mu der Firma Manley

Es gibt keine Pflicht, sich für einen Typ zu entscheiden. Du wählst nach Aufgabe und Geschmack. Mit der Zeit spürst du, welche Bauart für welche Anwendung passt.

Serielle Kompression bedeutet, du setzt mehrere leichte Kompressionsstufen hintereinander. Ein erster, sanfter Kompressor bringt Grundruhe in die Spur, ein zweiter, schneller fängt nur noch die überstehenden Spitzen. Das klingt natürlicher, als eine einzige Stage hart arbeiten zu lassen. Du verteilst die Arbeit auf mehrere Schultern.

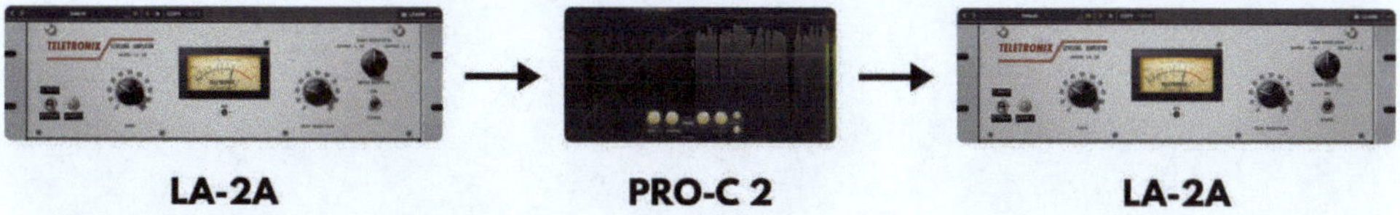

Bild 7.11 Serielle Kompression auf einer Spur

Parallele Kompression erzeugt Dichte, ohne den Originalcharakter zu verlieren. Du legst dir eine zweite, stark komprimierte Version der Spur an und mischst sie leise unter. Manche Kompressoren bieten auch bereits einen DRY/WET-Regler an. Die Transienten bleiben im Original erhalten, der Körper kommt aus der parallel bearbeiteten Spur. Gerade auf Drums oder Vocals ist das ein eleganter Weg, mehr Konsistenz zu bekommen, ohne die Dynamik plattzudrücken. Es lohnt sich, auf dem Parallelkanal mit einem leichten Tiefpass und sanften Höhenanpassungen zu hantieren, damit der Zusatz nicht scharf wird.

Bild 7.12 Mit dem Black Valve kann die komprimierte Spur direkt zugemischt werden

Eine weitere Art der Kompression ist die Sidechain-Kompression. Hier steuert eine Spur die Regelung einer anderen. Beim sogenannten Ducking gibt der Musikbus kurz nach, sobald die Stimme spricht oder singt. Das Ergebnis ist Verständlichkeit, ohne dass du ständig an den Fadern ziehst. Ein weiteres Beispiel wäre hier die Kick und der

Bass. Dort nutzt du den Kick-Impuls, um den Bass einen Hauch zurückzunehmen, genau in dem Moment, in dem beide kollidieren würden. Das Resultat ist ein druckvoller, aber aufgeräumter Sound.

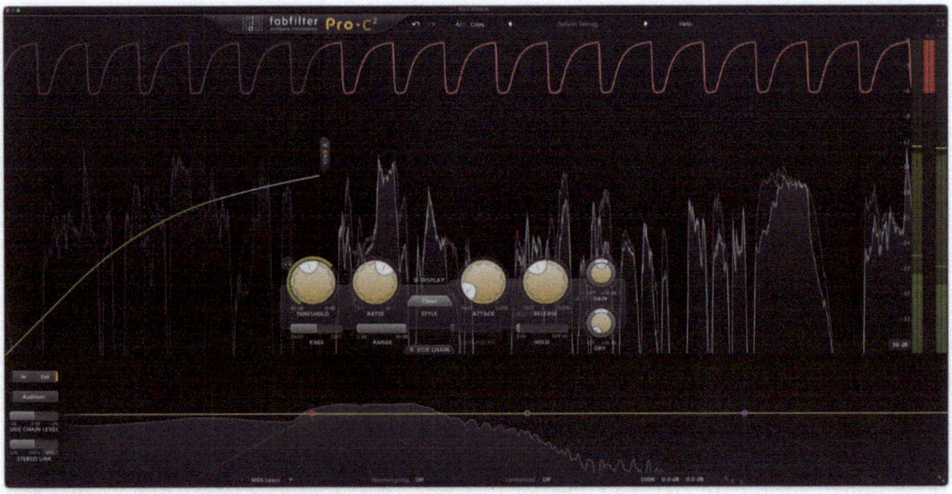

Bild 7.13 Der Pro C2 während einer Sidechain-Kompression

Das Aufräumen in den Pausen wird von Gate und Expander übernommen. Ein Gate macht unterhalb eines Schwellwertes zu. Es ist nützlich gegen Kopfhörerübersprechen bei Gesang oder gegen leises Verstärkerrauschen zwischen Gitarrenschlägen. Achte auf Attack, Hold und Release, damit Wortenden und Ausklänge nicht unnatürlich abgeschnitten werden.

Bild 7.14 Das Gate der Firma Magix

Ein **Expander** tut dasselbe vorsichtiger und ist perfekt, wenn du natürliche Pausen erhalten möchtest, aber leise Störanteile dennoch verschwinden sollen. Gerade bei Toms oder bei akustischen Gitarren, die Raumanteil enthalten, wirkt ein Expander musikalischer als ein hartes Gate.

Bild 7.15
Der Expander der Firma Steinberg

Spezialwerkzeuge lösen wiederkehrende Problemstellen elegant. Ein De-Esser ist ein frequenzselektiver Kompressor für Zischlaute. Du suchst zuerst die Zone, die bei der jeweiligen Stimme wirklich stört, oft zwischen 6 und 10 kHz, und regelst dort nur so viel wie nötig.

Bild 7.16 Der De-Esser der Firma Fabfilter

Ein dynamischer Equalizer ist ein Equalizer, dessen Band einen eigenen Threshold besitzt. Das ist ideal, wenn eine Resonanz oder eine Härte nur gelegentlich auftritt.

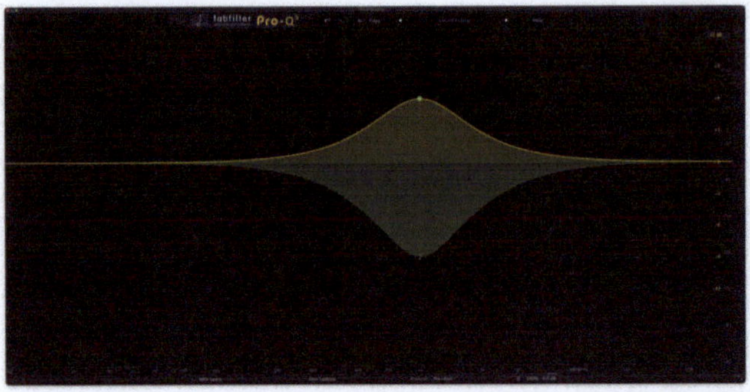

Bild 7.17 Der Q3 von Fabfilter bietet auch dynamische Bearbeitungen

Der **Multibandkompressor** teilt das Spektrum in Bänder mit eigener Kompression. Er ist mächtig und im Mastering sehr verbreitet, im Mix auf Einzelspuren dagegen schnell zu viel. Nutze ihn sparsam, mit wenigen Bändern und geringen Eingriffen. Die Regel bleibt dieselbe: so viel wie nötig, so wenig wie möglich.

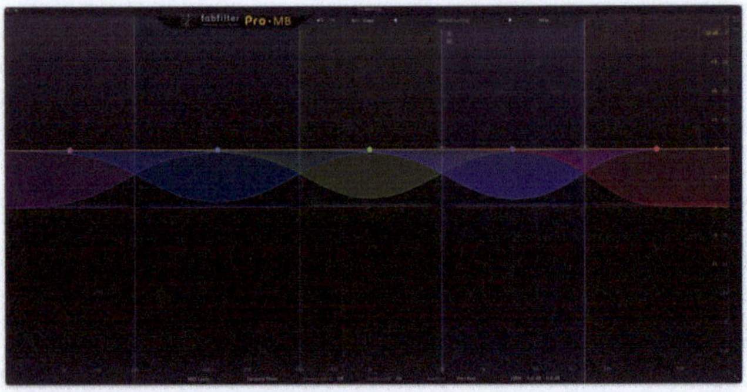

Bild 7.18 Der Multibandkompressor der Firma Fabfilter

Am Ende der Mastering-Kette steht häufig ein Limiter als Sicherheitsgurt. Auf der Summe dient er als Schutz vor digitalem Clipping und als Werkzeug, um den finalen Pegel behutsam zu erhöhen. Ein Brickwall-Limiter lässt oberhalb seines Zielwertes nichts durch. Das ist praktisch, kann aber bei zu starker Reduktion den Song platt klingen lassen. Höre auch hier wieder in eher geringer Lautstärke ab, um zu prüfen, ob die Musik noch groß klingt. Wenn alles gleich laut wirkt und der Song in kleinen Lautsprechern anstrengend wird, war es zu viel. Musik hat in der Vergangenheit oft unter Hyperkompression gelitten. Der Trend geht seit Jahren wieder zu einer höheren Dynamik zurück.

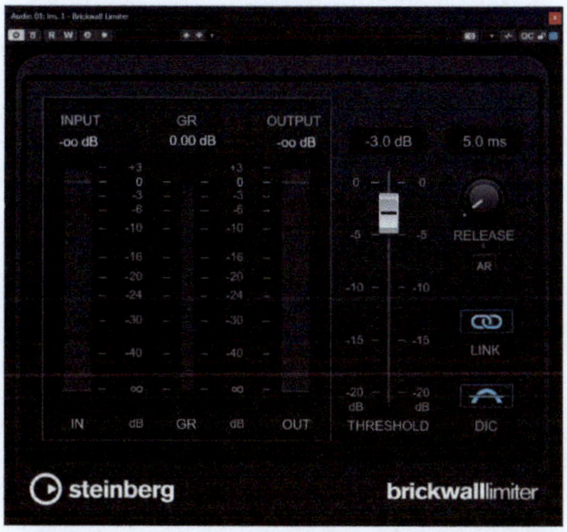

Bild 7.19
Der Brickwall-Limiter von Steinberg

> Teile die Arbeit auf. Ein wenig Kompression an zwei Stellen klingt musikalischer als viel Kompression an einer Stelle.

Dynamikbearbeitung gibt dir die Kontrolle über die Zeit. Mit dem Threshold bestimmst du, ab wann Regelung beginnt, mit der Ratio, wie stark sie eingreift, und mit Attack und Release legst du die zeitlichen Parameter fest. Weiche Übergänge erzeugen Musikalität, harte Übergänge Präsenz. Verschiedene Bauarten bringen charakteristische Klangfarben mit, die du nach Aufgabe auswählst. Seriell glättest du unauffällig, parallel fügst du Dichte hinzu, Sidechain schafft Platz im richtigen Moment. Gate und Expander räumen natürlich auf, De-Esser regelt die „S"-Laute, der dynamische EQ kann störende Frequenzen abschwächen, der Limiter sichert die Spitze. Wenn du leise hörst, Pegel fair vergleichst und Pausen einplanst, kannst du bessere Entscheidungen treffen und deine Mischung wird besser und professioneller.

Praxisbeispiele

Stell dir eine Rap-Stimme vor, aufgenommen in einem unbehandelten Zimmer. Erst passt du die Lautstärke der Stimme an, entweder händisch oder automatisiert mit einem Vocal-Rider. Dann setzt du einen Opto-Kompressor für eine musikalische Komprimierung ein. Die Konsonanten bleiben lebendig, der Mittelton schmiegt sich zusammen. Ein schneller FET-Kompressor fängt seltene Peaks ab, die noch übrig sind. Der De-Esser sitzt in der tatsächlich störenden Zone und arbeitet dezent. Das Ergebnis ist eine gelassene, präsente Stimme, die sich durchsetzt, ohne zu zischen.

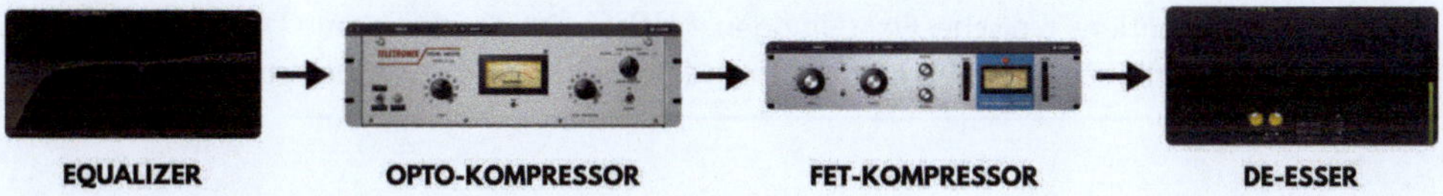

Bild 7.20 So kann eine Effektkette aussehen

Im Tiefbereich arbeiten Kick und Bass zusammen. Du entscheidest dich für eine Kick, die um 60 bis 70 Hz Körper hat. Auf dem Bass setzt du einen Sidechain-Kompressor, der bei Kickimpulsen 2 bis 3 dB zurücknimmt. Attack kurz genug, damit die Kollision gar nicht erst entsteht, Release so lang, dass der Bass unmittelbar nach dem Kick wieder aufsteht. Zusätzlich bekommt der Bass eine schmale Kerbe bei der Kickfrequenz. Die Mischung atmet unten, ohne dass du mit Lautstärken kämpfen musst.

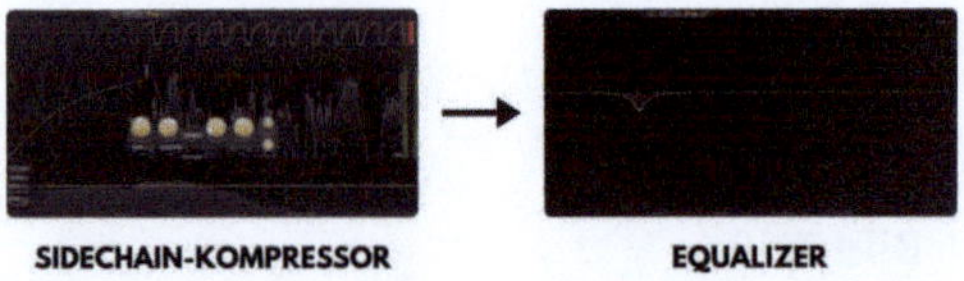

Bild 7.21
So kann eine Effektkette aussehen

Ein schneller Song mit vielen Becken wirkt nervös. Der Drumbus erhält eine Glue-Kompression mit langsamer Attack und mittlerem Release. 2 dB Reduktion im lautesten Teil reichen oft aus, damit das Set miteinander spielt. Dazu baust du einen Parallelbus, auf dem du die Drums kräftig komprimierst, Tiefen dezent beschneidest und hohe Schärfe mit einem leichten Tiefpass zähmst. Du mischst diesen Bus langsam hinzu, bis das Set dichter und größer wirkt, aber seine Dynamik behält. In der Summe steht nur noch ein Limiter, der seltene Spitzen abfängt. Hörst du bei sehr leiser Abhörlautstärke noch eine klare Snare und eine stabile Mitte, ist die Balance gelungen.

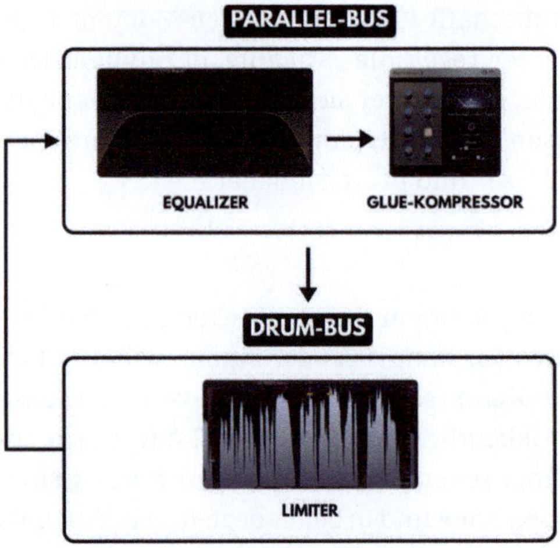

Bild 7.22
So kann eine Effektkette aussehen

Dokumentiere typische Einstellungen. Notiere Quelle, Ziel, Ratio, Attack, Release und durchschnittliche Reduktion. So findest du deinen roten Faden schneller wieder.

Wenn Frequenzen geordnet sind und die Dynamik ruhig atmet, kannst du dich um Tiefe und Bewegung kümmern. Zeitliche Effekte schaffen Bühne, Nähe und Ferne, sie verbinden Elemente zu einem Raum und geben dem Arrangement Richtung.

Im nächsten Kapitel tauchen wir in Verzögerungseffekte ein. Du lernst, wie Hall und Delay zusammenarbeiten, welche Parameter für Nähe und Größe verantwortlich sind, wie du Effekte per Send sauber in die Mischung integrierst und wie kleine Automationen deine Produktion lebendig machen. Deine stabile Dynamik ist dafür die perfekte Startrampe, denn nur ein ruhiger Mix trägt einen schönen Raum.

8

Räume und Zeit: Hall, Delay und Modulation musikalisch einsetzen

Nachdem Frequenzen geordnet und Dynamik beruhigt sind, bekommt dein Mix einen Raum. Zeitliche Effekte formen Nähe und Ferne, verbinden Elemente zu einem glaubwürdigen Raum und geben der Musik Richtung. Hall schafft die Umgebung, Delay verleiht Tiefe und Rhythmus, Modulation lässt Klänge atmen. In diesem Kapitel lernst du die wichtigsten Parameter so kennen, dass du nicht mehr rätselst, sondern gezielt formst. Wir starten mit einem klaren Bild dafür, wie unser Ohr Entfernung interpretiert, ordnen dann systematisch die Hallparameter, zeigen Delay-Arten samt musikalischer Anwendungen und runden mit Chorus, Flanger und Phaser ab.

Tiefe ist ein psychoakustischer Trick. Wenn du ihn verstehst, wirkst du mit kleinen Mitteln groß.

Ein paar Begriffe reichen aus, um jede Hall- und Delay-Situation zu lesen. Als **Direktschall** bezeichnen wir das, was direkt von der Quelle an deine Ohren gelangt. **Frühe Reflexionen** sind die allerersten Reflexionen von Wänden und großen Flächen. Sie treffen kurz nach dem Direktschall ein. Unser Gehirn interpretiert daraus Größe und Form des Raumes. **Pre-Delay** ist die Wartezeit zwischen Direktschall und dem Beginn der Reflexionen. Der **Nachhall** ist das dichte Ausklingen vieler späterer Reflexionen bis zur Stille. Die **Nachhallzeit**, oft als RT60 angegeben, beschreibt, wie lange ein Raum braucht, bis der Pegel um etwa 60 dB abgefallen ist. **Room Size** gibt die gefühlte Raumgröße an. Diffusion und Density beschreiben, wie dicht die Reflexionen sind. Damping und EQ regeln, wie der Hall in verschiedenen Frequenzbereichen abklingt. Dry und Wet sind der Anteil von Direktsignal und Effektsignal.

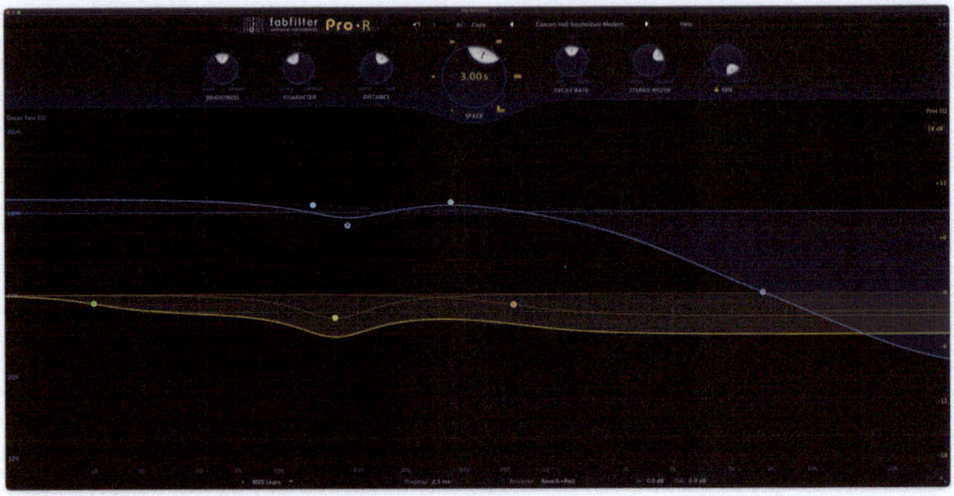

Bild 8.1 Der Pro-R ist ein Hall der Firma Fabfilter

Delay ist ein zeitversetztes Abbild des Signals. Eine einzelne, späte Wiederholung heißt Echo, mehrere rhythmische Wiederholungen heißen Taps. Ping Pong wechselt im Panorama ab zwischen linker und rechter Seite. Slapback ist eine einzelne, sehr kurze Wiederholung, die an Aufnahmen der frühen Popgeschichte erinnert. Ein Tape-Delay und ein analoges Echo färben den Klang, ein digitales Delay ist präzise. Modulation bedeutet, dass ein Parameter periodisch schwankt. Bei Chorus schwankt vor allem die Verzögerungszeit leicht, so entsteht das Gefühl mehrerer Stimmen. Flanger ist eine sehr kurze, modulierte Verzögerung. Phaser erreicht einen ähnlichen Effekt über Phasenverschiebungen im Filter, nicht über Verzögerung.

Stell dir einen kleinen Proberaum vor. Wenn du klatschst, hörst du zuerst das Klatschen, dann die ersten Reflexionen von den Seiten, schließlich ein kurzes Ausklingen. Diese Reihenfolge ist die Landkarte für Tiefenstaffelung. Ein Signal, das fast ohne Pre-Delay in einen dichten, langen Hall fällt, wirkt sofort weit hinten. Ein Signal mit klarem Direktschall, spürbarem Pre-Delay und kontrollierter Hallfahne steht vorn, bleibt aber eingebettet. In Produktionen nutzen wir genau diesen Trick der Psychoakustik. Wir geben der Hauptstimme eine kurze Raumangabe, oft mit etwas Pre-Delay, damit die Konsonanten im Vordergrund bleiben, und mischen für Größe einen zweiten, längeren Raum sehr leise dazu. Instrumente, die nicht im Fokus stehen, bekommen kürzere, dunklere Räume. So entsteht Tiefe, ohne die Mitte zu verwaschen.

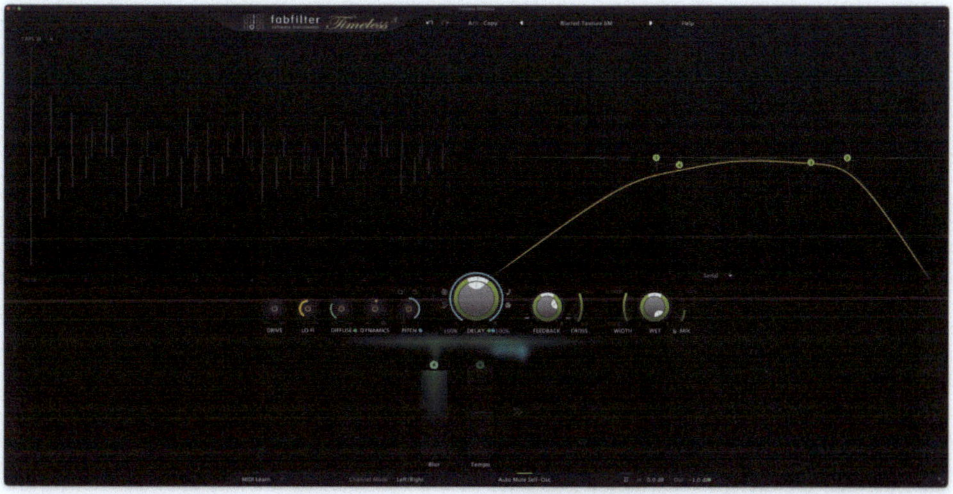

Bild 8.2 Der Timeless ist ein Delay der Firma Fabfilter

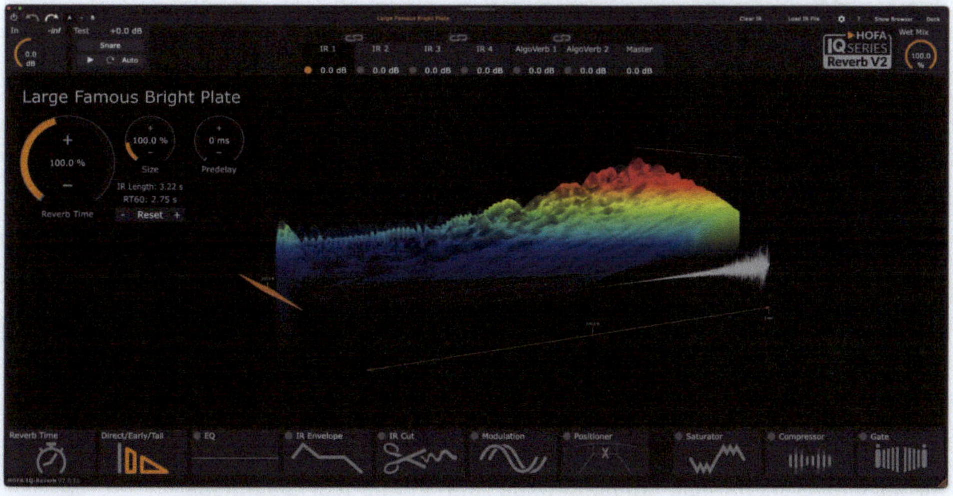

Bild 8.3 Der IQ Reverb der Firma Hofa ist ein Plug-in für Hall

Stelle Hall in dieser Reihenfolge ein. Erst Pre-Delay für Nähe, dann RT60 für Größe, danach Diffusion für Textur, am Ende Dämpfung und EQ für Natürlichkeit.

Zusätzlich spielt auch die Bauart des Halls eine klangliche Rolle. Der Federhall klingt charmant, wunderbar für Vintage-Gitarren oder als Effekt. Plattenhall liefert dichte, seidige Fahnen, die Vocals großmachen, ohne zu stark zu rauschen. Digitale Algorithmen simulieren heute alle Varianten und noch mehr. Sie können realistisch klingen oder kreativ unnatürlich. Faltungshall bildet reale Räume nach. Das wirkt sofort echt, braucht aber mehr Rechenleistung und ist weniger flexibel, wenn du extreme Klangveränderungen willst. Im Homestudio reicht eine gute Algorithmus-Emulation für die meisten Aufgaben.

Halte dir eine zweite Instanz mit Faltung für natürliche Räume bereit. Mische beide sehr leise, statt eine allein zu laut zu drehen. Deine Mischung bleibt so klarer.

Delays fügen leichte Sättigung und Höhenabfall hinzu, fügen sich so musikalisch gut in dichte Arrangements ein. Digitale Delays sind präzise und sauber. Für beides gilt: Filtern macht schön. Gib jeder Delay-Spur einen Hochpass, der Tiefen entrümpelt, und einen Tiefpass, der harte Höhen entfernt. So bleibt der Lead-Gesang im Vordergrund und die Wiederholungen stützen nur.

Bild 8.4
Der Ping-Pong-Delay von Steinberg

Hall macht Flächen, Delay setzt Punkte. Wenn du beides kombinierst, entsteht eine glaubwürdige Bühne.

Modulation ist der dritte Baustein. Durch den Chorus wird eine Spur breiter und tiefer, als würde sie doppelt aufgenommen sein. Kleine Werte genügen.

Bild 8.5
Das Chorus-Plug-in der Firma Steinberg

Flanger ist eine schnelle, sehr kurze Modulation. Ein durchlaufender Sweep über die Gitarre oder auf einem Effektbus erzeugt Bewegung, die sofort auffällt. Phaser erzeugt mit rotierenden Phasenfiltern eine gläserne, schillernde Qualität. Alle drei Effekte sind Geschmacksfragen. In der Pop- und Rap-Produktion funktionieren sie auf Doubles, Backings und Effektspuren besonders gut, während die Lead-Vocals sauber und relativ trocken bleiben.

Bild 8.6
Der Flanger der Firma Steinberg

Bis hierhin ging es um Klang. Damit die Praxis sauber läuft, brauchst du noch drei organisatorische Entscheidungen. Nutze Hall und Delay als Send-Effekte. So teilen sich viele Spuren den gleichen Raum. Du bekommst Kohärenz und sparst Leistung. Arbeite auf den Effekt-Returns mit einem EQ. Ein Hochpass räumt am unteren Ende auf. Ein Tiefpass macht die Höhen sanfter. Wenn nötig, zähme zwischen 2 und 4 kHz. Das ist die Präsenzzone, dort können Effekte schnell nerven. Und setze Sidechain auf den Hall, wenn die Lead-Vocals sauber bleiben sollen. Eine dezente Kompression auf dem Hall-Return, getriggert von den Lead-Vocals, drückt den Raum kurz nach unten, wenn die Stimme einsetzt. Sobald die Silbe vorbei ist, steigt die Fahne wieder. Das ist Ducking, aber musikalisch weich. So bleibt der Text verständlich und der Raum trotzdem groß.

Prüfe Effekte regelmäßig in Mono und bei leiser Lautstärke. Wenn die Stimme dann klar bleibt, ist die Balance gut.

Ein nützlicher Praxisgriff ist die Umrechnung von Songtempo in Millisekunden. So bestimmst du Delay-Zeiten ohne Rätsel. Eine Minute hat 60 000 Millisekunden. Teile diese Zahl durch das Tempo, also die BPM-Anzahl, und du erhältst die Viertelnote in Millisekunden. Ein Beispiel mit 120 BPM: 60 000 Millisekunden/120 BPM ergibt 500 Millisekunden. Die Achtel ist die Hälfte davon, also 250 Millisekunden usw.

Damit Zeit und Raum wirklich tragen, lohnt am Ende ein Blick auf Genres und Rollen der einzelnen Elemente. Moderne Vocals wirken meist vorn, klar und groß. Du erreichst das mit einem kurzen, dunkleren Room für Präsenz, einem leisen, längeren Plate-Hall für Größe und einem Slapback-Delay für Tiefe. Gitarren leben oft von kurzen Räumen, die rhythmisch wirken. Bei schnellen Drums ist weniger Hall mehr. Ein sehr kurzer, trockener Room-Hall lässt das Set halten, ohne dass die Becken zu sehr den Hall füttern. Keys und Pads dürfen gerne den längeren, luftigen Hall tragen. Dann bleibt Platz für die Lead-Vocals. Wichtig ist, Effekte pro Element bewusst knapp zu dosieren und die Summe wirken zu lassen. Es ist besser, drei leise Räume übereinanderzuschichten, als einen lauten zu setzen.

Zeitliche Effekte sind nicht Dekoration, sie sind Architektur. Pre-Delay definiert Nähe, frühe Reflexionen geben Form, die Hallzeit bestimmt Größe, Diffusion und Dämpfung machen es natürlich. Delay zeichnet rhythmische Tiefe und gibt dem Arrangement Richtung, ohne die Mitte zu verwaschen. Modulation fügt Breite und Bewegung hinzu, wenn sie sparsam bleibt. In der Praxis arbeitest du mit Sends, filterst jeden Effekt-Return, duckst den Hall bei Bedarf per Sidechain und prüfst deine Entscheidungen in Mono und bei geringer Lautstärke. Rechne Delays aus dem Songtempo, dann atmen sie mit. Wenn Effekte später fehlen, sobald du sie ausmachst, aber nie vorn ins Gesicht springen, ist deine Bühne gelungen.

Guter Raum fällt auf, wenn man ihn wegnimmt, nicht wenn man ihn dazugibt.

Praxisbeispiele

Eine Rap-Hook soll groß und modern wirken, ohne dass die Verständlichkeit leidet. Du gibst der Lead-Stimme einen kurzen Room mit etwa zehn Millisekunden Pre-Delay und moderater Dämpfung in den Höhen. Sehr leise mischst du einen Plattenhall mit rund eineinhalb Sekunden Hallzeit dazu. Parallel setzt du ein punktiertes Achtel-Delay, das du mit Hochpass und Tiefpass filterst. Auf dem Hall-Return liegt ein dezenter Sidechain-Kompressor, der durch die Lead-Spur getriggert wird. Die Konsonanten bleiben frei, die Silben fallen in einen weichen Raum. Im Refrain öffnet ein automatisierter Dry/Wet-Regler das Delay minimal weiter. Das Ergebnis wirkt größer, ohne lauter zu werden.

Ein schneller Gitarrenchorus klingt unruhig. Du ersetzt den langen Hall auf den Gitarren durch einen sehr kurzen, dunklen Room, der nur den Körper der Gitarre stützt. Das vorherige Stereo-Delay wandert auf die Backings, nicht auf die Lead-Vocals. Auf dem Delay-Return filterst du bei 200 Hz unten und bei 8 kHz oben. Plötzlich hat die Stimme Platz und die Gitarren tragen die Breite, ohne die Mitte zu übermalen.

Baue dir zwei Standard-Return-Kanäle in jeder Session. Einen kurzen Room mit EQ und Ducking, einen langen Plate Hall mit sanfter Dämpfung. Wenn du später mehr brauchst, duplizierst du die Spuren und passt sie an.

Mit Hall, Delay und Modulation hast du die Bühne deines Mixes gestaltet. Als Nächstes vertiefen wir die Gestaltung von Klangfarben durch Sättigung und subtile Verzerrung. Du lernst, wie Saturation, Exciter und Enhancer musikalisch eingesetzt werden, wie du Obertöne gezielt nutzt, um Präsenz ohne Schärfe zu erzeugen, und wie du Wärme und Griff in digitalen Produktionen entwickelst. Deine stabile Organisation macht es leicht, diese Feinheiten kontrolliert zu testen und sauber zu vergleichen.

9 Klang formen mit Sättigung, Exciter und Enhancer

Bis hierhin hast du Frequenzen geordnet, Dynamik beruhigt und Räume gebaut. Jetzt geht es um den schönen Teil der Klanggestaltung: Sättigung und Obertöne. Ein kleines bisschen harmonische Verzerrung kann eine Spur nach vorn holen und Wärme bringen. Zusätzlich kann Sättigung Präsenz erzeugen. In diesem Kapitel lernst du, was Sättigung, Exciter und Enhancer tatsächlich tun, wie du sie musikalisch dosierst und wie du sie in einen modernen Mix einsetzt. Wir arbeiten von der Theorie zur Praxis, von subtil bis deutlich, immer mit dem Ohr als Chef. Ziel ist, dass du bewusst zwischen Wärme, Griff und Glanz unterscheiden kannst und für jede Quelle die passende Art Obertöne wählst.

Bild 9.1 Der Vergleich zwischen einer geclippten Spur (unten) und einer unbearbeiteten Spur (oben)

Sättigung beschreibt eine leichte Übersteuerung, die durch analoge Bauteile hervorgerufen wird. Diese Art der Verzerrung kann mittlerweile auch digital durch Plug-ins emuliert werden. Dabei entstehen zusätzliche harmonische Anteile, also Obertöne. Tape-Sättigung imitiert Bandsättigung mit sanften Höhen, komprimierender Hüllkurve und rundem Grundton. **Röhrensättigung** erinnert an Vari-Mu-Kompressoren und ähnliche Schaltungen. Sie kommen in Frage, wenn man einem Signal Wärme zuführen möchte. Transistorsättigung wird häufig verwendet, um dem Signal eine gewisse Griffigkeit zu geben. Ein **Exciter** erzeugt gezielt neue Obertöne. Ein **Enhancer** verstärkt vorhandene Obertöne, statt neue zu erzeugen. Dadurch wirkt er natürlicher.

Sättigung färbt das ganze Signal, Exciter erzeugt neue Obertöne, Enhancer verstärkt das, was schon da ist.

Stell dir Klang wie ein Foto mit gering gesättigten Farben vor. Es ist korrekt, aber es springt dich nicht an. Eine sanfte Sättigung wirkt wie ein hochwertiger Fotofilter. Die Konturen bleiben, die Farben bekommen Tiefe, das Bild wirkt dichter. In der Audiowelt entsteht dieser Effekt durch Saturation. Der mathematische Effekt sind harmonische Anteile oberhalb der Grundfrequenz. Das Ohr versteht diese Obertöne z. B. als Wärme, solange du es nicht übertreibst. Genau hier liegt die Kunst. Wir wollen nicht hörbar verzerren, sondern das Spektrum musikalisch verdichten.

Du setzt Sättigung nicht blind überall hin, sondern dort, wo sie eine Aufgabe hat. Auf Vocals sorgt eine dezente Röhren- oder Tape-Emulation vor dem ersten Kompressor für ruhigere Spitzen und ein zusammenrückendes Mittenbild. Auf Bass hilft ein Hauch Transistorsättigung, damit er auch auf kleinen Lautsprechern wahrnehmbar bleibt. Auf Drums bringt ein paralleler Saturator Körper in die Kessel, ohne die Transienten zu verschmieren. Auf dem Mixbus darf es ein Hauch Bandsättigung sein, der das Signal klebt und die Höhen sanft abrundet. Auf der Summe arbeitest du sehr vorsichtig. Ein klein wenig Farbe genügt. Wenn du die Summe hörbar verzerrst, war der Mix zuvor schon zu mager oder zu hart. Gehe dann lieber eine Stufe zurück.

Wie dosierst du richtig? Fahre das Signal so in die Sättigungsstufe, dass sie gerade anfängt, zu arbeiten. Erhöhe den Drive, bis du eine Veränderung hörst, die dir gefällt, und drehe dann wieder ein kleines Stück zurück. Vergleiche immer auf gleichem Pegel. Ein bisschen lauter klingt fast immer besser, auch wenn es nicht besser geworden ist. Wenn dein Plug-in Auto-Gain bietet, nutze es bewusst. Wenn nicht, gleiche per Output-Regler an. Nutze den Mix-Regler als kreative Bremse. Hundert Prozent Effektsignal wirken selten am besten. Fünfzig bis achtzig Prozent sind oft der Sweetspot. Wenn dein Saturator keinen Mix-Regler hat, bau dir eine Parallelspur. So kannst du die Farbe präzise hineinfahren.

Bild 9.2 Der Saturn 2 der Firma Fabfilter ist ein Plug-in für Saturation

---

Regle nach Gehör, nicht nach Augen. Wenn du dich im Bypass ertappst, wie du die Sättigung vermisst, bist du richtig. Wenn du sie ständig hörst, ist es zu viel.

Der Exciter arbeitet anders. Er erzeugt gezielt neue Obertöne, meistens in einem ausgewählten Höhenband. Das ist hilfreich, wenn Material oben zu matt ist, obwohl du mit einem High-Shelf schon das Maximum erreicht hast. Bei Vocals kannst du so Luft ab 8 bis 12 kHz erzeugen, ohne Zischlaute unnötig zu betonen. Bei Akustikgitarren lässt ein Exciter das Plektrum besser hörbar werden, ohne die oberen Mitten scharf zu machen. Bei Synth-Flächen bringt er Glitzer, der auch auf kleinen Systemen hörbar bleibt. Entscheidend ist wieder die Dosis und die Stelle im Signalweg. Setze den Exciter nach der grundlegenden EQ und Kompressionsarbeit ein. Wenn die Spur schon in Balance ist, wirkt der erzeugte Glanz klarer. Arbeite mit dem Mix-Regler, bis die „Luft" eher gefühlt als gehört wird.

Bild 9.3 Der Waves AX ist ein Exciter-Plug-in

Der Enhancer ist der ruhige Cousin. Er erzeugt keine neuen Obertöne, er verstärkt vorhandene. Das ist nützlich, wenn Obertöne vorhanden sind, allerdings verdeckt wirken. Ein leichtes Anheben der vorhandenen Obertonstruktur kann Sprache und Instrumente hochwertiger bzw. brillanter klingen lassen, ohne dass es synthetisch klingt. Er ist auch ein Freund der Masterbus-Arbeit, weil er seltener Zischlaute provoziert als ein Exciter.

Bild 9.4
Der Enhancer von Noveltech ist extra für Vocals ausgelegt

Erst Ordnung, dann Farbe. Sättigung und Obertonwerkzeuge sind die Sahnehaube, nicht der Kuchenboden.

Wichtig ist, dass Sättigung häufig auch die Hüllkurve leicht komprimiert. Das ist gewollt, aber es ändert Interaktionen im Mix. Ein Bass mit mehr Obertönen wirkt präsenter, also braucht die Kick eventuell weniger Attack, um sich durchzusetzen. Eine Vocal-Spur mit warmen Obertönen braucht vielleicht weniger High-Shelf. Halte den Mix im Blick, nicht die Einzelspur. Viele kleine Sättigungsstufen klingen meist natürlicher als ein großer, lauter Schritt. Ein Hauch am Preamp, ein Hauch am Channel Strip, ein Hauch auf dem Bus. So entsteht das Gefühl von Dichte, nicht von Verformung.

Noch ein Wort zur **Frequenzdisziplin**. Obertöne sind schön, aber sie müssen Platz haben. Der entstehende Obertonteppich macht den Bass hörbar auf kleinen Speakern. Filtere sehr hohe harsch klingende Artefakte, besonders auf „S"-Laute. Ein dezent nachgeschalteter De-Esser kann hier Abhilfe schaffen.

Praxisorientiert gedacht hängt die Wahl der Klangfarbe vom Stil ab. Eine moderne Rap-Vocal-Aufnahme profitiert oft von einem hauchzarten Röhrencharakter vor der seriellen Kompression. Sie wirkt fester, ohne härter zu klingen. Eine verzerrte E-Gitarre hat schon ausreichend Obertöne. Hier hilft eher ein Enhancer oder eine sehr kontrollierte Tape-Emulation, die oben glättet und das Pfeifen mildert. Ein Song mit vielen elektronischen Elementen wird durch Bandsättigung und Exciter auf den Effektrückläufen oft größer, wenn die Dosis gering bleibt. Ein akustisches Duo verträgt fast immer eine sanfte, breitbandige Sättigung auf der Summe, die wie ein Klebstoff funktioniert. Wichtig ist, dass du immer wieder auf leiser Lautstärke prüfst. Wenn der Song dort tiefer und runder wirkt, ohne blind zu glänzen, war die gewählte Klangfarbe richtig.

Erarbeite dir zwei eigene Presets. Ein Vocal-Glanz-Preset mit sehr sanfter Sättigung und einem dezent gemischten Exciter. Ein Bus-Klebstoff-Preset mit minimaler Bandsättigung. Von dort aus feinjustieren, statt jedes Mal neu erfinden.

Sättigung, Exciter und Enhancer sind Werkzeuge für Charakter, nicht für Reparatur. Mit Sättigung verdichtest du das Spektrum. Mit dem Exciter setzt du gezielt Glanz ein, wenn ein High-Shelf allein nicht genügt. Mit dem Enhancer weckst du vorhandene Obertöne, wenn eine Spur gut ist, aber zu brav wirkt. Entscheidend sind Reihenfolge, Dosis und Kontext. Fahre die Stufe so, dass sie gerade arbeitet, gleiche den Pegel an, nutze Mix oder Parallelführung und prüfe konsequent bei leiser Lautstärke. Wenn die Farbe fehlt, sobald du sie ausschaltest, aber nie störend in den Vordergrund tritt, ist die Entscheidung gelungen.

Farbe ist dann richtig, wenn sie selbstverständlich wirkt. Du hörst Musik, nicht den Effekt.

Praxisbeispiele

Ein Rap-Vocal klingt sauber, aber etwas dünn. Vor dem ersten Kompressor setzt du eine Röhrenemulation mit sehr kleinem Drive ein. Die Konsonanten bekommen Körnung, die Mittellage klebt. Danach brauchst du am EQ weniger Präsenzanhebung. Ein dezenter Exciter ab 10 kHz gibt Luft, der Mix steht. Beim leisen Gegenhören bleibt der Text verständlich und fühlt sich größer an.

Ein E-Bass verschwindet auf dem Laptop. Du baust eine Parallelspur mit Transistorsättigung. Drive so, dass leichte Obertöne zwischen 700 Hz und 2 kHz entstehen. Danach filterst du die Parallelspur mit einem Low-Cut in den Tiefen, damit sie keine Tieftonenergie bringt, und mischst sie leise dazu. Plötzlich ist der Bass auf kleinen Lautsprechern hörbar, ohne die Summe zu belasten.

Halte dir einen Bypass-Loop bereit. Acht Takte mit und acht Takte ohne Farbe, auf identischem Pegel. Wenn du beim Zurückschalten nicht das Gefühl hast, etwas fällt zusammen, war der Effekt zu stark oder an der falschen Stelle.

Mit gezielter Sättigung und Obertonarbeit kannst du Klangfarben bewusst führen. Der nächste logische Baustein ist das Bündeln dieser Ideen in einem Kanalzug.

Im folgenden Kapitel sehen wir uns daher Channel Strips an. Du lernst, wie Vorverstärkung, EQ, Kompressor, De-Esser und Sättigung in einem Zug zusammenarbeiten, wie du sinnvolle Reihenfolgen in der DAW nachbildest und wie du mit wenigen, stabilen Werkzeugen schneller zu einer vertrauten Handschrift kommst. Dort schließt sich der Kreis zwischen Technik, Workflow und musikalischem Ergebnis.

10 Channel Strips und Signalfluss: der kurze Weg zur guten Entscheidung

Nach Frequenz, Dynamik, Raum und Klangfarbe geht es nun darum, alles schnell und verlässlich in einer Kette zu bündeln. Ein Channel Strip ist dafür wie ein kleiner Werkzeugkasten in einem Kanal. Dieser kann direkt während der Aufnahme verwendet werden oder als Effekt für die Nachbearbeitung. Vorverstärkung, Filter, Equalizer, Kompressor, De-Esser und oft eine Portion Sättigung sitzen in sinnvoller Reihenfolge bereit. In der Praxis bedeutet das weniger Mausklicks, weniger Suchen und mehr Hören. Dieses Kapitel zeigt dir, wie ein Channel Strip gedacht ist, warum die Reihenfolge der Module über den Klang entscheidet, wie du in der DAW einen sehr guten Channel Strip nachbaust und wie du mit wenigen, wiederkehrenden Einstellungen schneller zu deiner Handschrift kommst. Am Ende besitzt du zwei oder drei Ketten, die du blind auf Vocals, Drums und Gitarren legen kannst, ohne jedes Mal bei null zu beginnen.

Mit einem Channel Strip ist ein Kanalzug gemeint, der mehrere Bearbeitungsschritte in einem einzelnen Modul vereint. Diese sind als Hardware und als Plug-in erhältlich. Die **Vorverstärkung** ist der erste Pegelsteller am Eingang der Kette. Er setzt den Arbeitspegel für alle folgenden Stufen. Durch die Vorverstärkung wird auch meist der Grad an Sättigung gewählt. Sättigung ist allerdings gerade bei digitalen Emulationen häufig als extra Einheit aufgeführt. In der Filtersektion kann das Eingangssignal gefiltert werden. Meist findet man hier einen Hochpass- und einen Tiefpassfilter. Durch diese Filter wird Unnötiges am Rand des Spektrums entfernt. Darauf folgt meist ein Equalizer. Die meisten Channel Strips bieten zusätzlich eine Dynamiksektion. Hier können Kompressor, Gate und De-Esser zum Einsatz kommen. Bei manchen Channel Strips ist die Reihenfolge der Komponenten frei wählbar.

Bild 10.1 Die Manley VoxBox ist ein Channel Strip der Extraklasse

> Zuerst ordnen, dann formen, dann zähmen, am Ende veredeln. Diese Reihenfolge verliert nie.

Ein Channel Strip bietet eine kompakte Kette an Signalbearbeitung in einer Aufnahmesession. Das Prinzip ähnelt sich meist stark. Du stellst zuerst den Arbeitspegel ein, räumst mit Hochpass und gegebenenfalls Tiefpass die Ränder auf, richtest mit dem Equalizer die Tonalität, beruhigst mit dem Kompressor die Dynamik und kontrollierst am Ende Zischlaute oder scharfe Höhen. Eine Prise Sättigung bindet das Ganze zusammen. In dieser Reihenfolge arbeitest du schnell, weil jeder Schritt dem nächsten den Weg bereitet. Wenn du die Reihenfolge änderst, ändert sich der Charakter. Ein Equalizer vor dem Kompressor gibt dem Kompressor ein sauberes Signal und verhindert, dass der Kompressor unnötig auf Matsch reagiert. Ein Equalizer nach dem Kompressor ist der Feinschliff. Beides zusammen ist oft die beste Lösung.

Beginne mit dem Pegel. Stelle ihn so ein, dass die lautesten Momente nicht zur Übersteuerung führen, aber das Signal insgesamt in einem guten Arbeitspegel liegt. Eine sinnvolle Zielmarke sind Spitzen, die etwa 12 dB unter dem digitalen Maximum liegen. Das ist nicht spektakulär, aber es erlaubt saubere Entscheidungen in allen folgenden Modulen. Passe den Hochpassfilter je nach Signal an. Auf Vocals ist das fast immer nützlich. Auf Gitarren, Keys, Percussion und Effekten schafft es Platz. Setze den Filter nicht nach „Schema F", sondern nach Gehör. Drehe die Frequenz langsam nach oben, bis es dünn wird, und dann wieder ein kleines Stück zurück. Wenn ein Tiefpass nötig ist, nutze ihn, um störendes Rauschen und harte Spitzen oben zu deckeln. So arbeitest du klarer und mit wenig Aufwand.

Jetzt formst du mit dem Equalizer den Charakter. Denke in zwei bis drei Bändern. Nimm zuerst eine kleine Störfrequenz weg. Senke zum Beispiel eine Resonanz der

Stimme um 900 Hz um 2 dB mit schmaler Glocke. Danach nutze ein breites Band oder einen sanften Kuhschwanz, um die Balance zu richten. Ein kleiner Low-Shelf gibt Körper, ein kleiner High-Shelf gibt Luft. Halte die Eingriffe gering. Wenn du das Gefühl hast, der Eingriff wäre zu stark, ist er es meist auch. Gerade in einem Channel Strip summieren sich kleine Schritte elegant.

Die Dynamiksektion ist als Nächstes dran. Überlege dir vor diesem Schritt: Soll die Spur ruhiger werden oder präsenter nach vorn rücken? Finde einen Threshold, bei dem in den lauten Momenten 2 bis 4 dB Reduktion stattfinden. Wähle die Ratio moderat. Lasse mit der Attack Zeit genug Einschwingvorgang durch, damit die Spur lebendig bleibt. Passe die Release-Zeit an den Rhythmus des Materials an.

Der De-Esser kommt dann spät in der Kette, weil er wirklich nur die übergebliebenen Zischlaute regelt. Stelle die Reduktion so ein, dass die Schärfe verschwindet, aber die Artikulation bleibt. Wenn „S“-Laute plötzlich lispeln, war es zu viel. Ein guter Channel Strip bietet dir an dieser Stelle die Wahl zwischen breitbandigem De-Essing und einem schmalbandigen Eingriff. Für Pop und Rap funktioniert oft breitbandig, bei sehr präsenten Stimmen eher schmal.

Zum Schluss darf eine sehr leichte Sättigung das Paket zusammenkleben. Ein Hauch Bandsättigung rundet oben ab und verdichtet. Eine sanfte Röhrenemulation macht Mitten geschmeidig. Achte auf den Pegelabgleich. Schalte immer wieder in Ruhe auf Bypass, aber auf identischem Pegel. Die beste Sättigung ist die, die du vermisst, wenn sie aus ist.

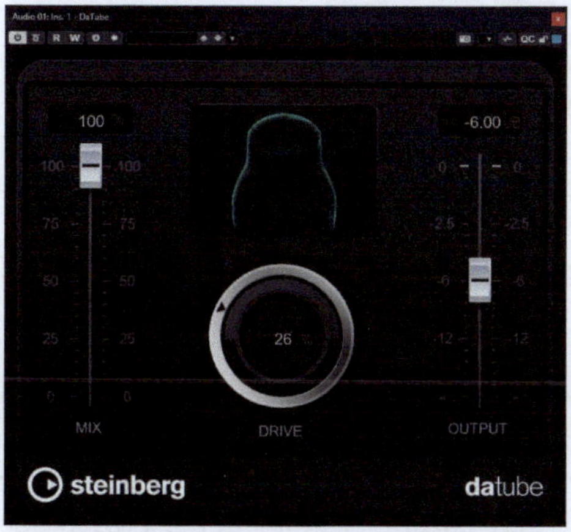

Bild 10.2
Das Plug-in DaTube imitiert Röhrensättigung

Ein Channel Strip, ob als Hardware oder als Plug-in, mischt oft Bauarten. Eine Opto-Dynamikstufe komprimiert sanft. Ein Röhren-EQ klingt breit und musikalisch. Das klingt nach Theorie. In der Praxis spürst du die Unterschiede sehr schnell, z. B. wirkt eine Stimme, die mit einem Opto-Kompressor bearbeitet wurde, deutlich kontrollierter und fühlt sich näher an. Nutze das bewusst, aber in kleinen Dosen. Ein Channel Strip ist oft kein Ort für aggressive Eingriffe.

In der DAW kannst du dir einen eigenen Channel Strip bauen, der genau zu deinem Workflow passt. Setze als erstes Modul eine Emulation für einen Mikrofonvorverstärker, z. B. einen Neve 1073. Danach kommt ein guter Hochpass. Dann ein sauberer parametrischer EQ mit mindestens drei Bändern. Danach ein musikalischer Kompressor, z. B. ein optischer Kompressor wie der LA-2A. Anschließend ein De-Esser. Zusätzlich kann eine weitere Sättigungsstufe mit Mix-Regler eingebaut werden. Speichere dir diese Effektkette als Preset ab. Wenn du magst, erstelle zwei Varianten. Eine Version für Vocals und eine für Instrumente wie z. B. Drums. So startest du jede Spur mit einem verlässlichen Werkzeug. Alternativ gibt es auch fertige Channel-Strip-Plugins zu kaufen.

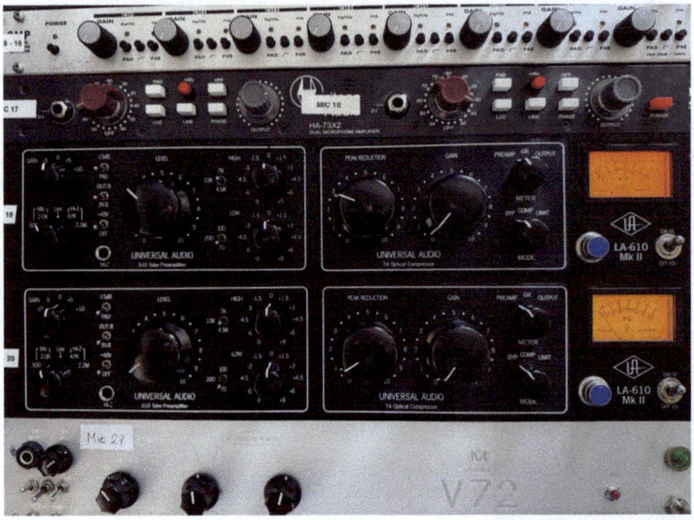

Bild 10.3 Der LA-610MKII von Universal Audio ist ein Channel Strip mit Röhrenverstärkung und Opto-Kompressor

Channel Strips entfalten ihre Stärke durch Wiederholbarkeit. Wenn du mit denselben Startwerten arbeitest, hörst du schneller Abweichungen. Du entscheidest dann nicht mehr, welches Plug-in du nimmst, sondern du hörst, ob die Stimme gerade eher Wärme im unteren Mittenband braucht oder eine leichte Formung in der Präsenz. So wird Hören zum ersten und zuversichtlichen Schritt. Die Kette nimmt dir das Grübeln ab.

Ein Wort zur Position in der Spur. Setze deinen Channel Strip so früh, dass er das Rohsignal formt, aber so, dass spezielle Werkzeuge noch davor Platz finden. Ein Beispiel ist ein starkes Klickproblem, das du lieber mit einem De-Clicker vor dem Channel Strip löst.

Eine gute Kette ist wie ein guter Tagesrhythmus. Sie nimmt dir Entscheidungen ab, damit du Zeit für die wichtigen Dinge hast.

Praxisbeispiele

Vocal-Spur

Du lädst deinen gespeicherten Vocal-Channel-Strip. Input-Trim auf solidem Arbeitspegel. Hochpass auf etwa 70 Hz, sanfte Steilheit. EQ nimmt eine leichte Nasalität um 700 Hz mit 2 dB heraus. Breiter High-Shelf ab 10 kHz gibt einen Hauch Luft mit 1 dB. Ein Opto-Kompressor für eine moderate Kompression. De-Esser in der echten Problemzone, maximal 2 bis 3 dB Reduktion. Am Ende eine leichte Röhrensättigung mit 50 % Mix. Beim Bypass fehlt plötzlich die Geschmeidigkeit. Du bist auf dem richtigen Weg.

Gitarren-Bus

Zwei gedoppelte Gitarren laufen in einen Bus-Strip. Hochpass auf 80 bis 100 Hz, damit der Bass Platz hat. Breiter Cut bei 300 bis 400 Hz für weniger Mumpf. Ruhiger Low-Pass oben, damit Becken nicht konkurrieren. Kompressor, der als „Klebstoff" dient. Kein De-Esser nötig, dafür eine sanfte Bandsättigung, die das Audiosignal oben glättet. Das Ergebnis ist Breite ohne Härte.

Wenn der Signalfluss stimmt, wird Hören leicht. Wenn Hören leicht ist, wird Musik selbstverständlich.

Mit einem verlässlichen Channel Strip wird dein Mischalltag schneller und konsistenter. Jetzt lohnt ein Blick auf das, was deine Ohren täuschen kann und was Messinstrumente sichtbar machen. Im nächsten Kapitel geht es um Analyzer und Pegelmessung. Du lernst, wie du Lautheit, Spitzen, Durchschnittswerte und Stereobreite sinnvoll prüfst, warum LUFS wichtiger ist als der reine Peak und wie du einfache Anzeigen nutzt, um deine Ohren zu bestätigen, nicht zu ersetzen. Diese Messwerkzeuge sind der Spiegel, der dir zeigt, ob dein Mix nicht nur schön, sondern auch robust ist.

11 Sehen, was man hört: Analyzer und Pegelmessung im Homestudio

Du hast bislang Frequenzen geordnet, Dynamik geformt und deiner Produktion eine Bühne gegeben. Jetzt kommt der Blick in den Spiegel. Analyzer und Pegelmesser zeigen dir, ob das, was du hörst, auch robust ist. Sie ersetzen deine Ohren nicht, aber sie bestätigen dich und sie warnen dich, wenn kleine Stolpersteine unbemerkt geblieben sind. In diesem Kapitel lernst du, was VU, Peak und RMS eigentlich bedeuten, warum LUFS heute die Währung für Lautheit ist, wie ein Spectrum-Analyzer und ein Spektrogramm dir Strukturen sichtbar machen und wie Korrelationsgradmesser und Goniometer die Stereoabbildung prüfen. Wir bauen das Thema behutsam auf, verknüpfen die Anzeigen mit konkreten Hörzielen und machen daraus einen einfachen Arbeitsablauf, den du in jeder Session wiederholst.

Erst hören, dann schauen.

Wenn wir über **Pegel** sprechen, meinen wir nicht immer dasselbe. Ein Peak ist die höchste sofortige Auslenkung. Ein **RMS-Wert** beschreibt grob die durchschnittliche Energie eines Signals über eine gewisse Zeit und damit eher das, was als laut empfunden wird. Ein **VU-Meter** reagiert träge und bildet deshalb eher mittlere Lautheiten ab. Schnelle Transienten rutschen ihm gerne durch. Ein Loudness-Meter nach LUFS geht einen Schritt weiter. Es gewichtet Frequenzen und die Eigenheiten unseres Gehörs, betrachtet Zeitfenster in sinnvoller Länge und liefert damit einen Wert, der unserem Lautstärkeempfinden sehr nahekommt. True Peak berücksichtigt, dass bei der Umwandlung von digital zu analog zwischen den Samples höhere Spitzen entstehen können. Ein **Spectrum-Analyzer** zeigt Pegel nach Frequenz sortiert. Ein Spektrogramm ergänzt die Zeitachse und macht damit Muster sichtbar, die im Momentbild verborgen bleiben. Der **Korrelationsgradmesser** zeigt die Phasenbeziehung der Stereokanäle zueinander. Werte nahe eins sind monoartig stabil, nahe null ist es breit, unter null wird es phasig und nicht mehr monokompatibel. Das **Goniometer** zeichnet schließlich die Stereobühne in einer Art X/Y-Ansicht. Eine aufrechte, klare Ellipse bedeutet saubere Mitte und Breite, ein waagerechter Strich deutet auf Phasenprobleme hin.

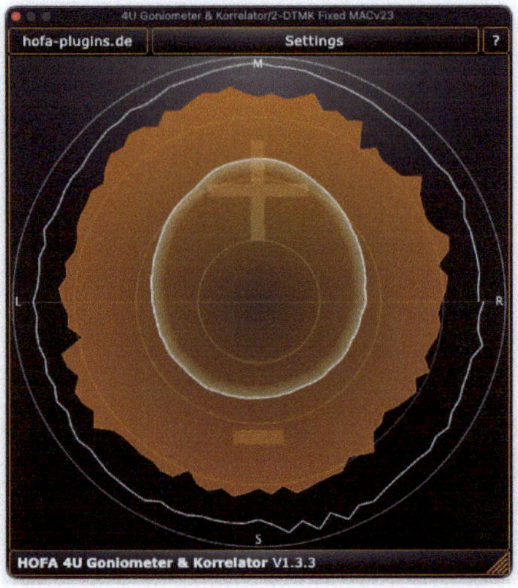

Bild 11.1
Ein Goniometer im Einsatz

Beginnen wir mit dem Naheliegenden: Dein Kanal- oder Masterfader zeigt dir standardmäßig Peaks. Diese Anzeige hilft dir, dich vor hartem Clipping zu schützen. In der Mischung ist es vernünftig, die höchsten Spitzen um einige dB unter null zu halten. So bleibt genug Luft für die finale Bearbeitung der Summe. Wenn du sehr dynamisches Material bearbeitest, merkst du schnell, dass Peaks allein wenig darüber verraten, wie laut sich etwas anfühlt. Zwei Töne können denselben Peakwert haben und trotzdem verschieden laut wirken. Genau hier hilft der RMS-Wert als einfache Daumenpeilung für die mittlere Energie. In der Pop-Produktion liegen RMS-Spitzen im Refrain häufig deutlich höher als in den Strophen, bei akustischer Musik dürfen sie viel weiter zurückbleiben. Für einen modernen, plattformtauglichen Umgang mit Lautheit ist aber LUFS entscheidend. Ein Loudness-Meter zeigt dir Momentanwerte, kurzzeitige und integrierte Werte. Der integrierte Wert ist der, der am Ende für die Reise zu Streamingdiensten ausschlaggebend ist. Viele Plattformen zielen in der Praxis auf eine Normalisierung, die grob einem integrierten Wert um minus 14 LUFS entspricht. Manche Genres funktionieren etwas lauter, manche leiser. Für Pop mischt du oft in einer Zone, die sich ungefähr zwischen minus 13 und minus 11 LUFS im Refrain bewegt, während Klassik und Jazz gern bei minus 16 und darunter landen. Wichtig ist, dass du nicht den Meter jagst, sondern die Musik. Wenn es bei leiser Abhörlautstärke groß, klar und entspannt klingt, passt die Richtung.

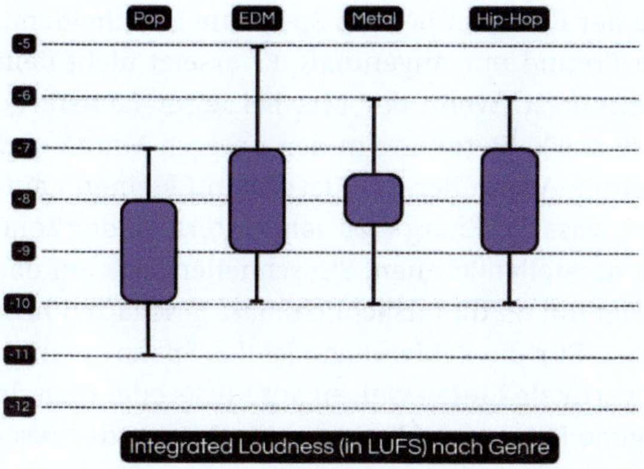

Bild 11.2
Eine Loudness-Tabelle nach Genre

Während du an der Lautheit arbeitest, bewahrt dich das True-Peak-Meter vor einer typischen Falle. Digitale Pegelanzeigen zeigen Sample-Peaks an, doch bei der späteren Wandlung können zwischen den starren Samplepunkten höhere Spitzen entstehen. Ein True-Peak-Meter schaut mit Oversampling voraus und zeigt solche Spitzen an. Wenn die Summe im Mastering noch etwas Limiting bekommt, solltest du diese Spitzen im Blick behalten. Ein kleiner Schutzabstand verhindert, dass es später auf manchen Geräten rau wird. Für den Export in verlustbehaftete Formate gilt das noch mehr. Dort können Kodierungen zusätzliche Spitzen erzeugen. Ein Zielwert von 0,3 bis 1,0 dB Reserve unterhalb des beabsichtigten Niveaus ist in vielen Fällen ein guter Kompromiss.

Bild 11.3 Ein Limiter im Einsatz

Neben der Lautheit ist die Verteilung der Energie über das Spektrum entscheidend. Ein Spectrum-Analyzer ist hier dein Freund mit Augenmaß. Er ersetzt nicht dein Hören, aber er bestätigt, was du vermutest. Wenn der Mix bei leiser Lautstärke dumpf wirkt, siehst du häufig eine zu starke Betonung in den unteren Mitten und einen steilen Abfall in den oberen Mitten. Wenn der Bassbereich auf kleinen Lautsprechern verschwindet, siehst du oft, dass die Energie zu sehr unterhalb der Zone liegt, die Bluetooth-Boxen überhaupt darstellen können. Ein schneller Blick auf das Spektrum nach einem EQ-Eingriff zeigt dir, ob du tatsächlich Platz geschaffen hast oder nur die Lautheit verschoben hast. Für die Fehlersuche ist das Spektrogramm noch deutlicher. Plötzliche, schmale, vertikale Linien weisen auf Klicks oder digitale Artefakte hin, horizontale, langgezogene Bänder auf brummende Störer oder resonante Räume.

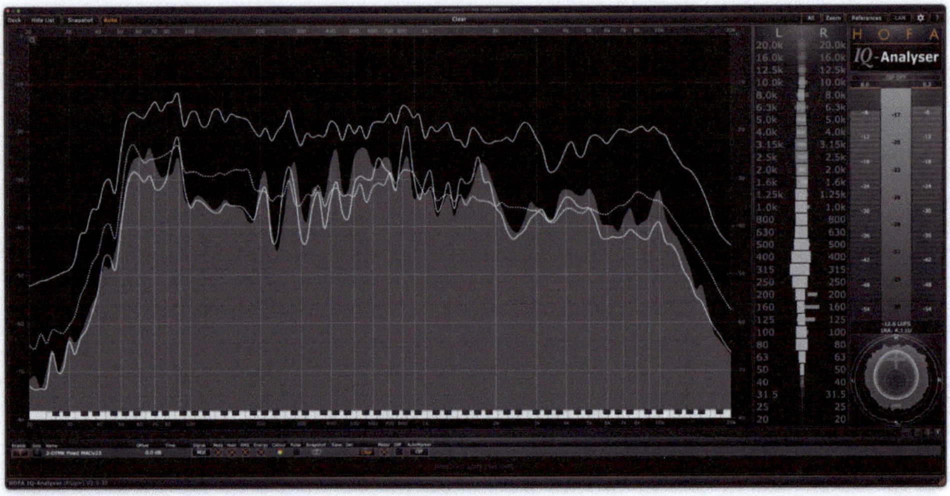

Bild 11.4 Der Analyser der Firma Hofa

Die Stereobühne prüft zwei Instrumente besonders zuverlässig. Der Korrelationsgradmesser zeigt auf einen Blick, ob die Summe monokompatibel bleibt. Werte zwischen eins und null sind im grünen Bereich. Wenn die Nadel oft in den negativen Bereich fällt, ist die Wahrscheinlichkeit hoch, dass Mono wichtige Anteile verliert. Im Bass ist das besonders kritisch. Ein Goniometer ergänzt das Bild intuitiv. Eine aufrechte Ellipse mit deutlicher Konzentration in der Mitte bedeutet, dass die Phantommitte stabil ist. Ein sehr breiter, aber dünner Streifen verrät eine Bühne, die zwar groß wirkt, aber keine Mitte hat. Das klingt beeindruckend in Kopfhörern, bricht aber auf kleinen Lautsprechern zusammen. Mit einem kurzen Monocheck und der Anzeige des Korrelationsgrads stellst du die Balance wieder her. Oft genügt es, Hall und Delay in den oberen Frequenzen mehr zu verteilen und den Tiefbass in der Mitte zu halten.

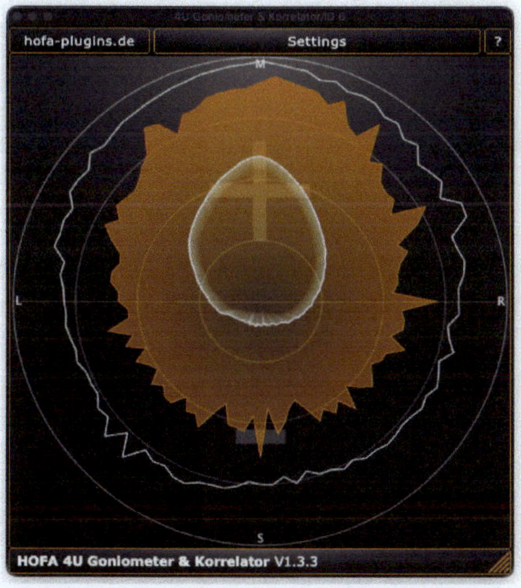

Bild 11.5
Ein weiteres Goniometer im Einsatz

Ein Wort zu Kalibrierung und Arbeitspraxis. Du wirst schneller und sicherer, wenn deine Abhörlautstärke reproduzierbar ist. Eine einfache Methode genügt. Wähle eine angenehme, eher leise Arbeitslautstärke, bei der du länger hören kannst, ohne zu ermüden. Markiere die Stellung deines Abhörmonitor-Reglers. Spiele zum Beginn jeder Session einen dir bekannten Referenzsong und dein Referenzrauschen in moderater Lautheit ab, bis du dich daran erinnerst, wie es an deinem Platz klingt. Wenn du anschließend deine Mischung an diese Lautheit heranführst, wirst du bei ähnlicher Musik automatisch in vergleichbaren LUFS-Zonen landen, ohne den Meter anzustarren. So trainierst du dein Gehör auf einen verlässlichen Anker.

All diese Werkzeuge ergeben am Ende einen kleinen, sehr praktischen Ablauf. Während du mischst, beobachtest du auf der Summe die Peaks und achtest darauf, dass Reserven bleiben. Beim Arrangieren und Entzerren schaust du immer wieder auf das Spektrum, aber entscheidest mit den Ohren. In den lauten Passagen prüfst du zwischendurch den kurzzeitigen LUFS-Wert, um ein Gefühl für die Größenordnung zu bekommen. Vor dem Export hörst du einmal sehr leise, schaltest auf Mono und schaust auf den Korrelationsgradmesser. Wenn die Stimme und die Kick dann klar bleiben, stimmt die Geometrie. Zum Schluss wirfst du einen Blick auf True Peak und den integrierten LUFS-Wert über den gesamten Song. Wenn beides in deiner Zielzone liegt, speicherst du die Einstellungen und exportierst mit passenden Formaten. Falls du für ein Medium mit geringerer Wortbreite ausspielst, planst du das Dithering am Ende ein und nutzt es genau einmal.

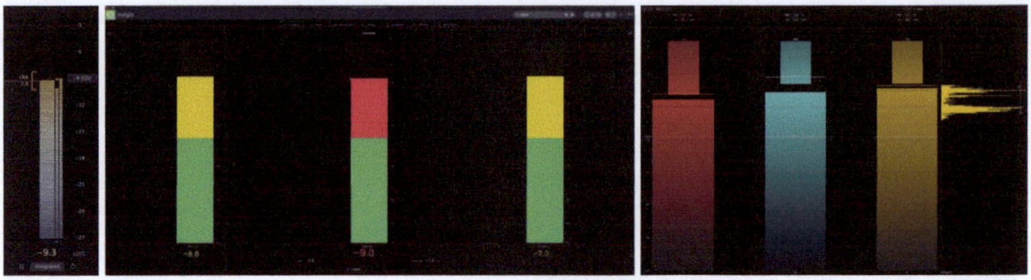

Bild 11.6 Behalte die LUFS während der Bearbeitung im Auge

Analyzer verwandeln Bauchgefühl in bestätigtes Wissen. Peak-Meter zeigen dir Clipping, RMS und vor allem LUFS beschreiben, wie laut sich Musik anfühlt. True-Peak-Meter bewahrt vor unschönen Überraschungen zwischen den Samples. Ein Spectrum-Analyzer zeigt dir die Verteilung der Energie, ein Spektrogramm macht Störer und Muster über die Zeit sichtbar. Der Korrelationsgradmesser und das Goniometer prüfen, ob die Breite des Mixes auch als robustes Stereobild funktioniert. In der Praxis hörst du zuerst, schaust zur Kontrolle und wiederholst diese Routine regelmäßig. So entwickeln sich Mischungen, die nicht nur in deinem Homestudio gut klingen, sondern auf vielen Abspielsystemen bestehen.

Vertraue deinen Ohren, bestätige mit Anzeigen, exportiere mit Plan.

Eine Popmischung klingt im Auto zu aggressiv. Im Studio wirkt alles brillant, unterwegs nerven die HiHats. Der Spectrum-Analyzer bestätigt einen Buckel zwischen 3 und 5 kHz, die Effektrückläufe tragen ihren Teil dazu bei. Du setzt auf dem Hall- und Delay-Return einen leichten, breiten Cut in dieser Zone und dämpfst die Höhen im Hall. Beim Gegenhören bei leiser Lautstärke bleibt die Präsenz erhalten, die Schärfe ist weg. Der integrierte LUFS bleibt unverändert, weil du nicht lauter, sondern schlauer geworden bist.

Ein Indie-Track verliert in Mono die Gitarre und Teile der Backings. Der Korrelationsgradmeter pendelt gefährlich Richtung null und darunter, das Goniometer zeichnet eine platte Linie. Ursache sind breite Chorus-Effekte auf den Doubles und ein breit gezogenes Stereo-Imaging auf der Summe. Du ziehst die Doubles etwas näher zur Mitte, gibst dem Imaging nur in den Höhen Spielraum und belässt den Tiefbereich strikt in Mono. Der Korrelationsgrad bleibt fortan zwischen eins und null, die Mitte rastet hörbar ein.

Baue dir ein Master-Template mit Analyzer und Goniometer. So hast du immer den Überblick.

Nun, da du Entscheidungen nicht nur hörst, sondern auch verlässlich überprüfen kannst, lohnt der Blick auf die technische Brücke in den Computer und zurück. Der nächste Schritt ist das Feintuning der Stimme betreffend Intonation und Timing. Im folgenden Kapitel zeigen wir, wie du mit Tools wie Melodyne sauber, schnell und unauffällig arbeitest. Dort lernst du Korrektur als Unterstützung der Emotion, nicht als Maskierung.

12 Intonation und Feintuning Stimme – Melodyne und Co. in der Praxis

Eine Vocal-Spur darf atmen, „wackeln“ und leben. Kleine Unsicherheiten machen sie menschlich. Trotzdem gibt es Stellen, an denen fehlerhafte Tonhöhen und Einsätze die Aussage schwächen. Dann hilft behutsames Feintuning. In diesem Kapitel lernst du, wie du mit Melodyne oder einem vergleichbaren Werkzeug schnell und unauffällig arbeitest. Wir legen die Tonart fest, unterscheiden zwischen genereller Abweichung und Drift, zähmen Zischlaute und richten Silben sanft in den Groove. Ziel ist, dass du nach wenigen Minuten eine natürlich wirkende Spur hast, die klar klingt, ohne künstlich zu wirken.

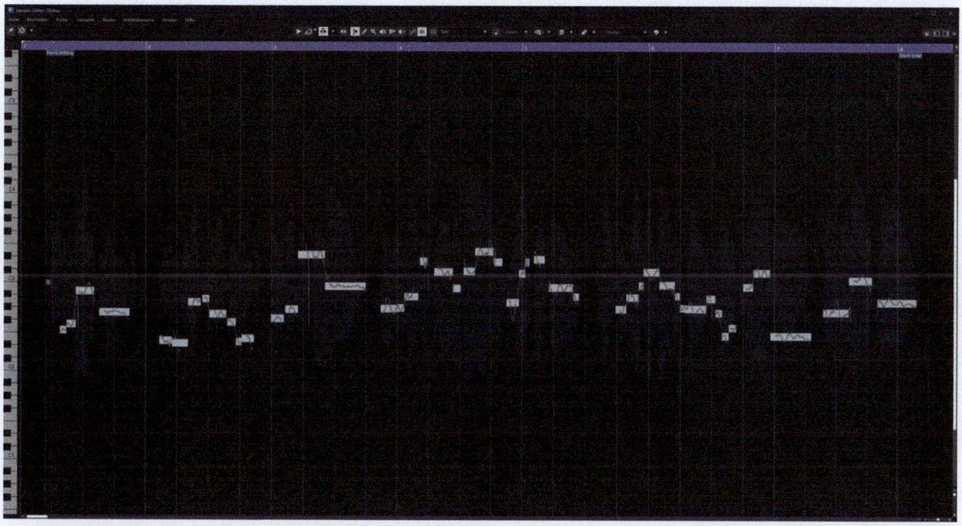

Bild 12.1 Die Tonhöhen-Korrektur in Cubase

Die **Tonart** und Skala sind die Grundtonleiter deines Songs. Sie legt fest, welche Töne erwartet werden. Viele Tools können Skalen sperren, damit Korrekturen dort einrasten. Mit dem **Cent** ist nicht die Währung gemeint, sondern das Feinmaß für Tonhöhenänderungen. Ein Halbton hat 100 Cent. Korrekturen unter 30 Cent wirken oft natürlicher. Das **Offset** beschreibt die durchschnittliche Abweichung eines Tones von der idealen Tonhöhe. Der **Drift** bezeichnet die langsame Tonhöhenbewegung innerhalb einer gehaltenen Silbe. Diese wird geglättet, ohne die gesamte Note zu verschieben. Der **Formant** ist der spektrale Charakter der Stimme, unabhängig von der Tonhöhe. Die Formantverschiebung kann, wenn sie übertrieben eingesetzt wird, z. B. nach Heliumeinnahme, klingen. Mit **Sibilanz** oder auch **Sibilanten** sind Zischlaute und Atemgeräusche gemeint. Diese tragen kaum Tonhöhe. Eine separate Bearbeitung kann Lispeln verhindern. Mit Comping ist das Zusammensetzen der besten Stücke aus mehreren Takes gemeint. Dies bildet die Grundlage für das Feintuning.

Reihenfolge

Zuerst compst du die Stimme, damit sichergestellt ist, dass die Mainvocals so ausdruckstark wie möglich sind. Entferne störende Signale wie z. B. Mundclicks. Erst dann öffnest du Melodyne oder das jeweilige Pitchtool. Setze die richtige Tonart und Skala, je nachdem, in welcher der Song produziert worden ist. Wenn du unsicher bist, spiele die Akkordspur leise mit und höre, wo die Stimme am besten passt. Sperre nur Töne, die wirklich nicht vorkommen. Eine zu enge Skala lässt die Korrektur in falsche Töne springen, wenn die Melodie bewusst chromatisch ist.

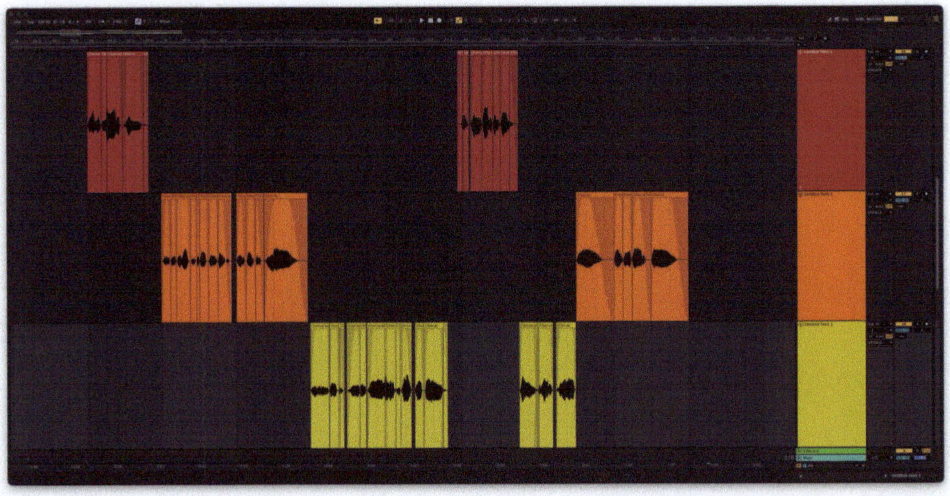

Bild 12.2 Die besten Takes wurden zusammengeschnitten – Comping

Schalte die Anzeige der zulässigen Skalentöne ein. Auch wenn dies optisch gut dargestellt wird, verlasse dich immer auf deine Ohren.

Offset und Drift

Wähle eine Note. Hör sie solo und im Kontext. Wenn sie durchgehend zu hoch oder zu tief ist, korrigiere den Offset in kleinen Schritten. Zehn bis zwanzig Cent sind oft genug. Wenn der Anfang sitzt, aber der Ton im Verlauf wegdriftet, glätte nur den Drift. Übertreibe nicht. Ein völlig gerader Ton klingt künstlich und nimmt der Stimme das Leben. Vibrato gehört zur Persönlichkeit. Reduziere es nur, wenn es zu sehr wackelt und dies nicht gewünscht ist.

Übergänge natürlich halten

Die Übergänge zwischen den sogenannten „Blobs“ sind die empfindlichsten Stellen. Zu harte Übergänge bringen ein „Haken“ in die Spur, zu weiche ziehen Slides in Töne, die nicht gewollt sind. Stelle die Übergangsglättung so ein, dass schnelle Silben klar bleiben und gehaltene Töne sanft gleiten dürfen. Prüfe besonders Konsonantenanfänge. Ein Slide vor einem harten K macht die Artikulation matschig. Kürze die vorangehende Note minimal, damit der Konsonant sauber auf dem Zielton landet.

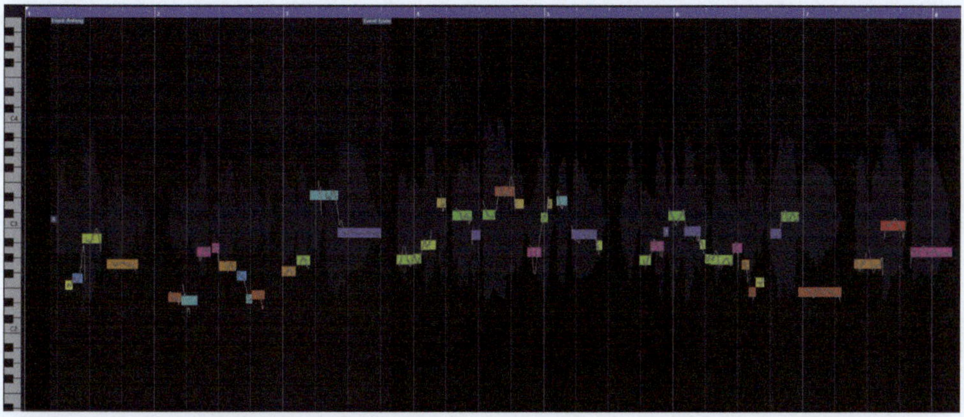

Bild 12.3 Eine Bearbeitung mit VariAudio

Sibilanz und Atmer respektieren

Zischlaute tragen keine klare Tonhöhe. Wenn dein Tool Sibilanz erkennt, schalte sie von der Tonhöhenkorrektur aus oder reduziere die Stärke dort deutlich. Sonst entsteht Lispeln. Atmer sind Pausen und Energie zugleich. Entferne nur zu lautes Einatmen, am besten mit Clip Gain. Lasse kurze Atemgeräusche stehen, sie verbinden Phrasen und wirken natürlich.

Timing

Wenn es notwendig ist, zoome in die Wellenform und verschiebe Silben um wenige Millisekunden. Hauptwörter dürfen einen Hauch vor dem Schlag liegen, um griffig zu wirken. Lange Vokale dürfen minimal hinter dem Schlag beginnen, damit es „laid back“ wirkt. Orientiere dich an Kick und Snare.

Formanten bewahren

Die Möglichkeit zur Formantenkorrektur ist ein wichtiges Werkzeug. Wenn diese Art der Korrekturen gering dosiert wird, können Problematiken wie zu dünne oder zu dunkle Töne nach dem Pitch beseitigt werden. Allerdings ist hier Vorsicht geboten, denn große Formantverschiebungen hören sich sofort künstlich an. Besser ist es, die Tonhöhe moderat zu korrigieren und den Klang mit EQ und Sättigung später zu runden.

Doppelstimmen und Harmonien

Tune zuerst die Lead-Stimme, dann die Doubles. Nimm bei den Doubles weniger Korrektur vor, denn sonst kleben sie an der Lead-Spur und erzeugen Kammfiltereffekte. Lass also die Doubles einen Ticken ungenauer sein. Für Harmonie-Stimmen gilt: Tune sie in sich sauber, aber halte die Übergangskurven etwas weicher als bei der Lead-Stimme. So entsteht Breite ohne chorusartige Nebengeräusche. Wenn du Harmonien aus einer Lead-Stimme generierst, verschiebe sie im Timing minimal, ändere einzelne Silbenlängen und forme die Formanten ein wenig anders. Sonst entsteht ein Klang, ähnlich wie bei einem Flanger.

Eine Doppelung 6 bis 12 Cent tiefer oder höher und 10 bis 20 Millisekunden später mischen. Das wirkt natürlicher als eine direkte Kopie.

Effektästhetik bewusst einsetzen

Manchmal soll Korrektur hörbar sein. Für einen modernen Effekt ziehst du die Übergänge sehr hart, korrigierst Offset vollständig und glättest Drift stark. Setze den Sound dann als Stilmittel ein, nicht als Reparatur. Lege ihn auf Adlibs, Refrainspitzen oder als Kontrastspur. Halte die Lead-Stimme natürlich, wenn Emotion im Vordergrund steht.

Ein kompakter Workflow Schritt für Schritt

1. Comping und Clip Gain
2. Tonart setzen
3. Grobe Offsets auf problematischen Tönen korrigieren
4. Drift einzelner lang gehaltener Töne beruhigen

5. Übergänge prüfen, Konsonanten schützen
6. Sibilanz aus der Korrektur nehmen
7. Timing an Kick und Snare ausrichten
8. Formanten klein nachführen, falls nötig
9. Im Kontext hören, Pegel ausgleichen, im Bypass vergleichen
10. Auf sehr leiser Lautstärke und in Mono prüfen

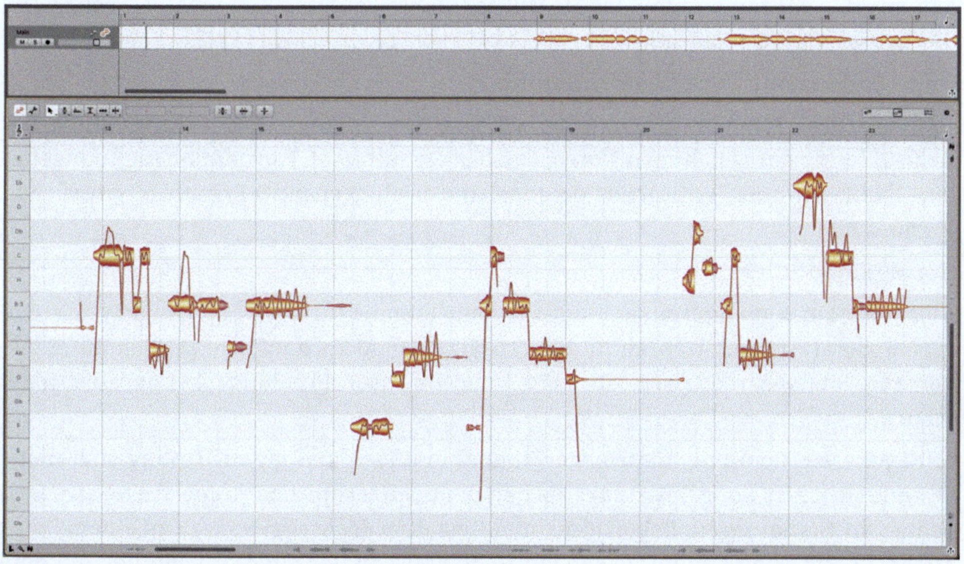

Bild 12.4 Tonhöhenkorrektur mit Melodyne

Natürliches Feintuning gelingt, wenn du in ruhiger Reihenfolge arbeitest und kleine Schritte bevorzugst. Lege Tonart und Skala fest, unterscheide Offset und Drift, glätte Übergänge nur so viel wie nötig, nimm Sibilanz aus der Korrektur und richte Einsätze behutsam in den Groove. Formanten bleiben nah am Original. Doubles erhalten weniger Korrektur als die Lead-Stimme, Harmonien bekommen weiche Übergänge. Vergleiche immer auf gleichem Pegel und im Kontext. Wenn du beim Ausschalten der Korrektur etwas vermisst, ist es dir gelungen.

Korrektur ist Veredelung, nicht Verformung.

Praxisbeispiele

Pop-Hook mit langen Vokalen

Die Vokale im Refrain schweben leicht zu tief. Du korrigierst Offset je Note um 10 bis 20 Cent, lässt Vibrato stehen, Drift glättest du nur um ein Drittel. Übergänge mittelweich. Sibilanz bleibt unberührt. Ergebnis: größerer Glanz ohne künstliches Feeling.

Rap-Strophe mit dichter Artikulation

Viele Konsonanten, kurze Vokale. Du setzt harte Übergänge, weil Silben klar starten müssen. Du korrigierst Offsets nur punktuell auf betonten Silben. Timing wird vor allem an Snare-Akzenten um 5 bis 10 Millisekunden vorgezogen. Ergebnis: mehr Griff, die Textverständlichkeit steigt.

Indie-Ballade mit wackeliger Intonation

Zwei bis drei Töne kippen in Phrasen weg. Du arbeitest fast ausschließlich mit Drift-Glättung auf gehaltenen Noten, Offsets nur minimal. Formant bleibt unangetastet. Doubles werden schwächer getuned und breit gespannt. Ergebnis: natürliches, warmes Bild.

Gospel-Chor-Stack

Vier Harmonien mehrstimmig. Du tunest jede Stimme für sich, Übergänge weich, Offsets moderat. Danach richtest du die Einsätze der Akkordanfänge zeitlich aufeinander aus. Sibilanz reduzierst du später per De-Esser. Ergebnis: breiter, aber nicht scharf.

Mit sauberem Comping, natürlicher Tonhöhenpflege und gutem Timing sitzt deine Stimme sicher im Song. Im Alltag tauchen dennoch technische Stolpersteine auf. Jetzt geht es an das Sortieren, Balancieren und Gestalten der vielen Spuren zu einem Stück Musik. Im nächsten Kapitel steigen wir in den Mischalltag ein. Wir beginnen mit dem Aufräumen, dem sinnvollen Leveling, einem groben Stereobild, arbeiten uns durch einen praxiserprobten Workflow und verbinden die bisher gelernten Werkzeuge zu einem klaren Fahrplan für Homestudios. Dort wartet dein erster kompletter Mix vom leeren Projekt bis zum fertigen Bounce.

13 Vom Rohmaterial zum Mix: ein sicherer Workflow fürs Homestudio

Jetzt sind die technischen Grundlagen gelegt und die wichtigsten Werkzeuge sitzen. Mischen bedeutet, viele Einzelspuren so zu einer Einheit zu formen, dass die Musik selbstverständlich wirkt. Der Trick ist nicht, jede Spur maximal schön zu machen, sondern alle Spuren auf eine gemeinsame Erzählung einzuschwören. In diesem Kapitel bekommst du einen durchgängigen Workflow vom ersten Öffnen der Session bis zum fertigen Mixdown. Wir räumen auf, sortieren Pegel, bauen ein stabiles Panorama, formen Tiefe und Dynamik, arbeiten an Drums, Bass, Gitarren und vor allem an der Stimme. Alles ist so angelegt, dass du es direkt in deinem Homestudio umsetzen kannst, ohne dich in Details zu verlieren.

Ein guter Mix verfolgt einen Plan. Erst das Grundgerüst ausarbeiten, dann folgen Details.

Rough Mix nennt man die erste grobe Balance aus Lautstärken und Panorama ohne Effekte. Er zeigt dir, was der Song eigentlich will. **Clip Gain** ist die Lautstärkeanpassung direkt am Audioclip, noch vor Plug-ins. Damit bändigst du Ausreißer, bevor Kompressoren zu viel arbeiten müssen. Fades sind kleine Ein- und Ausblendungen an Schnittkanten, die Knackser verhindern oder als Effekt dienen. Strip Silence meint das automatische Entfernen von Stille zwischen Transienten. Das spart Zeit, erfordert aber Kontrolle. **Timing-Korrektur** bezeichnet das Angleichen von Noten an den Puls der Musik. Mache nur so viel, wie für das Arrangement nötig ist. **M/S-Bearbeitung** trennt die Mitte von den Seiten des Stereosignals. Damit kannst du Breite formen, musst aber die Monokompatibilität im Blick behalten. **Tiefenstaffelung** ist die Kunst, mit Pegel, Frequenzen, Dynamik und Zeitgefühl Nähe und Ferne zu erzeugen. Automation ist jede zeitliche Bewegung von Parametern, am häufigsten der Lautstärke. Sie bringt Leben in den Mix.

Ordnung vor Klang. Wer sauber vorbereitet, mischt schneller und hört klarer.

Beginne jede Mischung mit einem klaren Ziel. Öffne die Session, ordne Spuren logisch, gib ihnen sprechende Namen und Farben. Räume auf, bevor du kreativ wirst. Atmer, Trittgeräusche, Kopfhörerübersprechen und versehentliche Klicks sind wie Staub auf der Linse. Entferne sie mit Bedacht. Wo es sinnvoll ist, hilft dir Strip Silence, aber kontrolliere jede automatische Entscheidung. Setze Fades an Schnittstellen. Der Aufwand zahlt sich aus, weil Kompressoren später nicht auf Müll reagieren und Hallgeräte nicht unnötig mit Rauschen gefüttert werden.

Jetzt folgt der Rough Mix. Stelle alle Insert-Effekte aus, ziehe die Fader nach Gefühl auf und baue eine erste Balance. Diese Viertelstunde entscheidet häufig über die Richtung. Achte darauf, dass Kick, Snare, Bass und Vocals ihren Platz bekommen. Pannen sind grobe Entscheidungen, kein Millimeterwerk. Halte die Summe dabei konservativ, die lautesten Peaks sollten entspannt unter der Vollaussteuerung bleiben. Wenn diese grobe Balance schon interessant ist, wird der restliche Weg leichter. Wenn nicht, frage dich, ob das Arrangement erzählt, was der Song braucht, oder ob Spuren gegeneinander arbeiten.

Als Nächstes glättest du extreme Pegelsprünge per Clip Gain. Gerade bei Vocals ist diese Vorarbeit Gold wert. Senke einzelne laute Silben etwas, hebe sehr leise Sätze leicht an. So hat dein Kompressor danach weniger zu tun und kann musikalischer arbeiten. Wiederhole das bei perkussiven Spuren, die ungleichmäßig aufgenommen wurden. Das Ziel ist nicht klinische Glätte, sondern ein hilfreiches Startfeld für die Dynamikbearbeitung.

Die zeitliche Korrektur ist ein Werkzeug, kein Pflichtprogramm. Ein Groove lebt vom menschlichen Spiel. Wenn etwas offensichtlich stolpert oder zwei Ebenen nicht miteinander greifen, korrigiere gezielt. Nutze Raster nur als Orientierung. Dehne und schiebe lieber wenige markante Noten, statt alles zu quantisieren. Denke in Ebenen. Wenn Drums, Bass und Rhythmusgitarre miteinander atmen, folgt der Rest fast von allein. Schalte nach Korrekturen deine Ohren in den Songmodus und prüfe, ob die Musik besser groovt.

Nun baust du die Frequenzordnung. Starte subtraktiv. Entferne mit sanften Hochpässen unnötigen Tiefanteil auf Spuren, die im Bassbereich nichts Sinnvolles beitragen. Suche in den unteren Mitten nach überlagernden Bereichen und räume dort in kleinen Schritten auf. Forme Charakter anschließend mit breiten Bändern und behutsamem Anheben. Denke in Rollen. Ein Instrument steht für Körper, ein anderes für Präsenz, ein drittes für Luft. Wenn jede Spur eine Aufgabe hat, entsteht Platz. Hall und Delay setzt du über Sends ein, filterst die Returns, dosierst sparsam. Tiefe entsteht eher durch leise Räume und kleine Delays als durch große Mengen Hall. Wenn die

Stimme spricht, sollte der Raum ihr den Vortritt lassen und danach wieder ansteigen. Ducking auf dem Hall-Return ist hier dein bester Freund.

Für das Panorama beginnst du mittig. Baue die Phantommitte mit Kick, Snare, Bass und Lead-Vocals. Öffne links und rechts in Spiegelbildern. Doppelte Gitarren gehören nach außen, Backings füllen den Refrain auf. Achte auf Symmetrie. Wenn links ein Piano auf Augenhöhe spricht, braucht es rechts einen gleichwertigen Gegenspieler, sonst zieht die Bühne schief auf eine Seite. Prüfe regelmäßig in Mono.

Automation ist die Seele des Mixes. Nachdem die Werkzeuge greifen, fährst du den Song. Beginne mit der Lautstärkeautomation. Hebe bei den Lead-Vocals Wörter, die untergehen, um 0,5 oder 1 dB an. Senke einzelne HiHats, die nerven, leicht ab. Öffne in Refrains die Räume minimal, schließe sie in ruhigen Momenten. Kleine Fahrten erzeugen das Gefühl, dass jemand zuhört und führt. Wenn du einen Controller hast, nimm Automationen in Echtzeit auf. Das ist oft musikalischer, als sie mit der Maus zu zeichnen.

Bild 13.1 Eine Faderfahrt mit einem DAW-Controller

Mische in Abschnitten. Baue eine Strophe, baue einen Refrain, verbinde dann die Teile. Ein Song ist kein Standbild.

Drums, Bass und Gitarren bilden in vielen Produktionen das Fundament. Arbeiten diese Elemente als Team, ist das die halbe Miete. Stelle Kick und Bass so ein, dass sie sich nicht gegenseitig fressen. Entscheide dich, welche der beiden die Bassregion hauptsächlich tragen soll, und gib ihr etwas mehr Platz als der anderen. Zähme die Snare-Resonanzen, ohne den Körper zu verlieren. Ein leicht komprimierter Drum-

Bus mit langsamer Attack und mittlerem Release gibt dem Set Verbindung, die parallele Kompression liefert – wenn nötig – Dichte. Gitarren dürfen groß sein, müssen aber der Stimme Raum lassen. Oft hilft ein Low-Pass, der oben das Rauschen nimmt, und ein kleiner Cut im Präsenzbereich der Vocals. Nutze für Flächen kurze, dunkle Räume statt langen Hall.

Die Stimme ist das Zentrum im Mix. Baue um sie herum. Lasse genug Fundament, damit sie nicht dünn wird. Entferne Nasalität und Schärfen mit kleinen, subtraktiven Eingriffen. Komprimiere seriell und behutsam. Ein sanfter erster Kompressor beruhigt, ein schneller zweiter fängt Peaks ab. De-esse nur dort, wo es wirklich stört. Baue Tiefe mit einem kurzen Room für Nähe, einem sehr leisen Plate für Größe und einem rhythmisch gesetzten Delay für Bewegung. Automatisiere Einwürfe und Endungen. Der Hörer soll jedes Wort verstehen, ohne dass es nach Bearbeitung klingt.

Die Summe ist kein Ort für Rettung in letzter Sekunde. Wenn die Mischung trägt, brauchst du nur sanfte Klebstoffe. Ein sehr leichter „Glue-Kompressor“, der bei den lauten Stellen mit ein bis zwei dB arbeitet, ist oft genug. Ein breiter, vorsichtiger EQ kann Balancefeinheiten richten. Am Ende steht ein Limiter als Sicherheitsnetz, der nur seltene Spitzen fängt. Prüfe True-Peak-Reserven und den integrierten LUFS-Wert. Höre dann sehr leise und in Mono. Wenn der Song immer noch groß, klar und verständlich wirkt, ist der Mix bereit.

Baue dir ein Start-Template: Routing, zwei Hall-Returns, ein Delay, ein Drum-Bus, ein Musik-Bus, ein Vocal-Bus, ein Master-Track mit Metering. So beginnst du jede Session auf vertrautem Boden.

Mischen ist ein Prozess in sinnvoller Reihenfolge. Vorbereiten, grob balancieren, Clip-Gain beruhigen, wo nötig zeitlich korrigieren, subtraktiv Platz schaffen, Charakter dosiert formen, Tiefe mit leisen Räumen bauen, Panorama mit Symmetrie aufspannen, Dynamik seriell gestalten, mit Automation führen und die Summe nur kleben, nicht reparieren. Wenn du diese Schritte ruhig durchgehst, wirst du schneller und triffst Entscheidungen, die auf Kopfhörern, im Auto und auf kleinen Lautsprechern funktionieren.

Wenn der Mix in leiser Lautstärke funktioniert, funktioniert er fast überall.

Praxisbeispiele

Eine Indie-Produktion wirkt dicht, aber matt. Nach dem Rough Mix zeigt sich, dass die unteren Mitten überfüllt sind. Ein breiter, geringer Cut an den Gitarren um die 300 bis 400 Hz räumt auf. Der Drum-Bus erhält eine langsame Attack, die Snare atmet plötzlich. Ein sanfter High-Shelf auf dem Musik-Bus öffnet die Bühne. Mit minimalem Plate-Hall auf den Vocals entsteht Glanz, ohne Härte.

Ein Rap-Track verliert in den Strophen die Klarheit. Ursache sind gleich laute Doubles und starkes Delay. Lösung: Die Doubles werden leiser und rücken näher zur Mitte, das Delay wird gefiltert und per Sidechain vom Lead-Vocal geducked. Kleine Vocal-Automationen heben Schlüsselwörter um 1 dB an. Ergebnis: Verständlichkeit und Größe ohne Pegelkrampf.

Ein Rocksong kämpft im Refrain mit Beckenhärte. Statt am Master zu korrigieren, bekommt der Hall-Return der Drums eine dynamische Absenkung in den oberen Mitten, ausgelöst durch das Overhead-Signal. Die Hallzeit sinkt im Refrain leicht per Automation. Die Summe bleibt klar, der Groove gewinnt Ruhe.

Eine Popballade braucht Breite, ohne die Mitte zu verlieren. Rhythmusgitarren werden doppelt aufgenommen und hart gepannt. Die Mittenbereiche, die mit der Stimme kollidieren, erhalten kleine Kerben im betroffenen Frequenzbereich. Ein Slapback-Delay auf der Stimme gibt Tiefe, ein sehr leises, langes Plate sorgt für Größe. In der Bridge fährt eine Automation den Raum leicht hoch, im letzten Refrain geht er wieder zurück. So entsteht Bewegung ohne Lautheitsdruck.

Wenn du festhängst, schalte alles bis auf Vocal, Kick, Snare und Bass stumm. Baue von diesem Kern aus neu auf. Was fehlt, kommt zurück. Was nicht fehlt, bleibt weg.

Deine Mischungen stehen. Jetzt geht es um den letzten Schritt, der alles auf ein verlässliches, plattformgerechtes Format bringt. Im nächsten Kapitel widmen wir uns dem Export und der Vorbereitung fürs Mastering. Du lernst, wie du Headroom planst, welche Formate sinnvoll sind, wann Dithering notwendig ist und wie du Versionen für verschiedene Medien anlegst. So landet deine Arbeit sauber und stressfrei dort, wo sie gehört werden soll.

Wer in der Mischung sauber arbeitet, muss im Mastering nichts retten.

14 Export, Mastering und Dithering: der letzte Zug am Tor

Der Mix steht. Jetzt bringst du ihn in ein Format, in dem dieser überall sicher funktioniert. Dieser letzte Schritt entscheidet darüber, ob deine Arbeit auf dem Handy, im Auto, im Club und im Streaming gleich souverän wirkt. Export ist mehr als eine Datei speichern. Du planst Headroom, prüfst Peaks und Lautheit, bereitest saubere Versionen vor und wählst Formate bewusst. Wenn ein dediziertes Mastering folgt, lieferst du dem Mastering-Engineer ein robustes, dynamisches Ausgangsmaterial. Wenn du das Mastering selbst übernimmst, gibst du dem Song den letzten Schliff, ohne ihn zu überfahren. Dithering ist dabei kein Relikt, sondern ein pragmatischer Helfer, wenn du die Wortbreite reduzierst. In diesem Kapitel führen wir alles zusammen und bauen einen ruhigen, reproduzierbaren Ablauf, mit dem du in jeder Session entspannt ans Ziel kommst.

Bild 14.1 Ein Engineer während eines Masterings

Ein guter Export ist planbar. Wenn du weißt, wohin der Song soll, ist der Weg dorthin einfach.

Export meint das Ausspielen deines fertigen Mixes oder Masters in eine Datei. **Headroom** ist die Reserve zwischen deinem lautesten Moment und der digitalen Vollaussteuerung. **True Peak** berücksichtigt Zwischenwerte zwischen Samples, die beim Wandeln in die analoge Welt entstehen können. **Loudness nach LUFS** beschreibt die empfundene Lautheit über die Zeit. **Mastering** ist der finale Bearbeitungsschritt für Tonalität, Dynamik, Übersetzung und Sequenz eines Songs oder Albums. **Wortbreite** benennt die Zahl der Bits pro Sample. Bittiefe ist ein Synonym dafür. **Dithering** bezeichnet ein bewusst hinzugefügtes, sehr leises Rauschen, das beim Reduzieren der Wortbreite störende Quantisierungsartefakte entschärft. Samplerate ist die Zahl der Abtastungen pro Sekunde. Interleaved Stereo bedeutet, dass linkes und rechtes Signal gemeinsam in einer Datei liegen.

Headroom ist Platz zum Atmen und True Peak ist Schutz vor Überraschungen.

Beginnen wir am **Masterkanal**. Bei dem Masterkanal handelt es sich um die letzte Busspur im Signalweg. Dementsprechend läuft hier alles zusammen. Dein Mix sollte ohne Rettungsversuch am Ende funktionieren. Auf dem Master liegt nur das Nötige. Ein sehr sanfter Glue-Kompressor, der in dichten Passagen mit 1 bis 2 dB arbeitet, kann die Summe zusammenziehen. Ein breit dosierter EQ richtet letzte Balance-Nuancen. Ein Limiter steht als Sicherheitsnetz am Ende. Er arbeitet idealerweise nur in wenigen Momenten und zeigt im Normalfall kaum Reduktion. Wichtig ist die Kontrolle von Lautheit und Spitzen. Höre zuerst, schaue dann auf die Anzeigen. Bei Pop und modernen Produktionen fühlst du dich oft wohl, wenn die Refrains kurzzeitig in einer Zone um minus dreizehn bis minus elf LUFS liegen und der integrierte Wert über den ganzen Song je nach Arrangement knapp unterhalb davon landet. Akustische Musik und Jazz dürfen deutlich luftiger, also darunter sein. Die True Peaks auf der Summe sollten unter einer kleinen Reserve bleiben, damit nachfolgenden Encodern und Geräten noch Luft bleibt. Ein Maximum von ungefähr –1 dB True Peak ist ein pragmatischer Schutz, vor allem wenn später ein verlustbehaftetes Format erzeugt wird. Dein Ohr hat das letzte Wort. Wenn der Song in leiser Abhörlautstärke groß, verständlich und gelassen wirkt, geht es in die richtige Richtung.

Wenn das Mastering extern übernommen wird, ist dein Job noch einfacher. Du exportierst eine saubere Stereodatei mit genug Luft. Lass den Limiter weg oder stelle ihn so ein, dass er nicht arbeitet. Halte die lautesten Momente einige dB unter Vollaussteuerung. Lasse die Wortbreite bei 24 Bit, nutze keine Clip-basierten Normalisierungen oder Loudness-Anpassungen deiner DAW. Gib dem Mastering-Engineer eine kurze

Notiz mit Referenzen und Zielen. Je klarer du den Charakter beschreibst, desto präziser kann gearbeitet werden.

Wenn du selbst masterst, führe drei einfache Schritte durch: Erstens Tonalität beurteilen. Höre auf Referenzen, die du kennst, und vergleiche fair. Ein sehr breiter, moderater EQ-Move kann kleine Schiefstände richten. Zweitens Dynamik und Transienten prüfen. Wenn der Song im Vergleich atmet, ist das gut. Wenn einzelne Peaks deutlich herausstechen und die Lautheit drückt, fängt ein schneller, sauberer Limiter oder ein sehr behutsamer Clipper die Spitze ab. Drittens Lautheit und Reservesicherheit einstellen. Stelle den Limiter-Output so ein, dass deine True Peaks Reserve haben. Wenn du merkst, dass du mehrere dB dauerhaft begrenzen musst, war der Mix zu lautheitsarm oder die Bearbeitung zu hart. Gehe einen Schritt zurück und verbessere im Mix. Ein Master gewinnt selten durch Gewalt, sondern durch kleine, elegante Korrekturen.

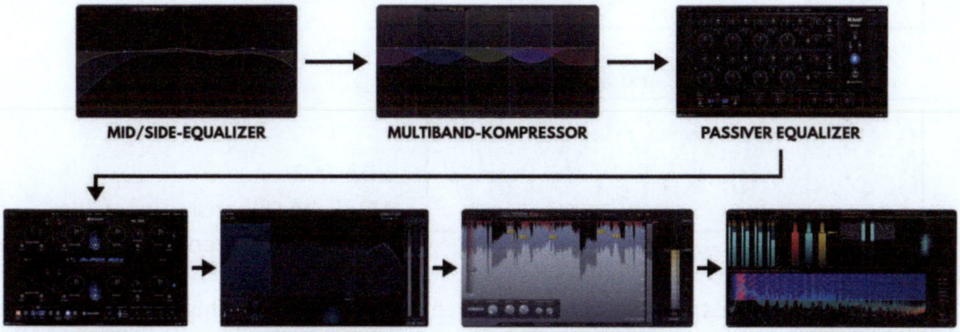

Bild 14.2 So könnte eine Mastering-Chain aussehen

Jetzt zur Formatwahl. Für Archiv und Weitergabe an Mastering ist eine verlustfreie Stereodatei in 24 Bit mit 44,1 kHz oder 48 kHz Samplerate die realistische Basis. Höhere Sampleraten sind möglich, bringen aber nicht automatisch hörbare Vorteile, wenn der Song nicht auch auf dieser Basis produziert wurde. Für die Ausspielung für Streamingplattformen lädst du ebenfalls eine verlustfreie Datei hoch. Die Plattformen normalisieren danach eigenständig. Es ist nicht nötig, den Mix für jeden Dienst auf einen exakten Zielwert zu pressen. Wichtig ist, dass dein Master bei leiser Abhörlautstärke groß und ruhig bleibt. Für Video lieferst du immer in 48 kHz an, weil Videoplattformen und Schnittsysteme mit dieser Samplerate arbeiten. Für eine Audio-CD gelten 16 Bit bei 44,1 kHz. Genau bei der Wandlung der Bit-Tiefe spielt Dithering eine Rolle.

Dithering ist schnell erklärt und sehr nützlich. Wenn du die Bitrate reduzierst, zum Beispiel von 24 Bit auf 16 Bit, entstehen kleine Verzerrungen, die sich durch ein wahrnehmbares Rauschen äußern können. Ein zusätzliches leises, nicht wirklich wahrnehmbares Rauschen maskiert dabei das bestehende. Das eigentliche Rauschen wird dadurch weniger wahrnehmbar. Wichtig sind drei Dinge: Dither nur einmal ganz am Ende der Kette. Dithere nur, wenn du die Wortbreite tatsächlich reduzierst. Und wähle eine etablierte Dither-Art deiner DAW oder deines Limiters. Ob du Noise Shaping einsetzt, hängt vom Material und deinem Geschmack ab. Es verschiebt Teile des Dithers in Bereiche, in denen unser Ohr weniger empfindlich ist. Bei sehr ruhigen, akustischen Passagen kann das schöner wirken.

Bei lauter Popmusik ist der Unterschied gering. Was du nicht tun solltest, ist, denselben Song mehrfach durch verschiedene Stufen zu dithern. Einmal am Ende reicht.

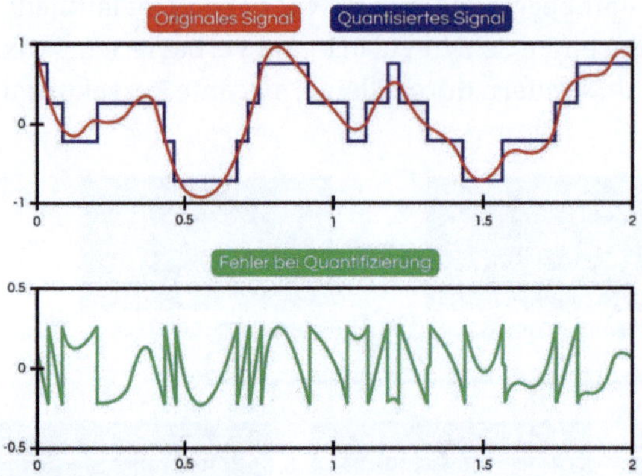

Bild 14.3
Mögliche Quantisierungsfehler durch Wortbreiten-Reduzierung

Ein wiederholbarer Exportablauf hilft dir, auch unter Zeitdruck ruhig zu bleiben. Höre den Song von Anfang bis Ende bei Arbeitslautstärke ab und mache dir drei kurze Notizen. Tonale Balance, Dynamik, Effektebene. Schalte dann die Abhöre sehr leise und wiederhole die letzten Minuten. Wenn Stimme, Kick und Bass dann noch stabil sind, setze Marker für Start und Ende mit ausreichend Stille am Schluss, damit Ausklänge nicht abgeschnitten werden. Prüfe auf dem Master True Peak integrierte LUFS und ob der Limiter wirklich nur gelegentlich arbeitet. Exportiere in ein verlustfreies Format mit ausreichender Wortbreite. Für CD eine Version mit 16 Bit und genau einem Dither am Ende. Für interne Freigaben kannst du eine qualitativ hochwertige MP3 oder AAC erzeugen, um Dateien schneller zu teilen. Höre diese komprimierte Version kurz gegen. Manchmal legt der Encoder oben kleine Schärfen frei. Wenn das stört, gib deinem Master minimal mehr Luft oder dämpfe hohe Frequenzen um einen Hauch.

Benenne Dateien konsequent z. B.: Künstler_Song_Version_SampleRate_Bit. So findest du später alles schnell wieder.

Ein Wort zu Versionen und Sequenzen. Wenn du mehrere Songs zu einer EP oder einem Album zusammenstellst, ist Mastering auch Dramaturgie. Höre die Reihenfolge durch, gleiche Pausen und Lautheit an, damit der Hörer nicht jedes Mal den Lautstärkeregler sucht. Ein integrierter LUFS-Wert, der über die Stücke hinweg ähnlich wirkt, ist hilfreicher als eine starre Zahl. Pegle mit den Ohren, kontrolliere dann mit Metering. Manche Songs dürfen bewusst etwas leiser stehen, wenn es dem musikalischen Werk dient. Achte auf die Tonalität zwischen den Stücken. Ein sehr heller Song nach einem dunklen kann schärfer wirken, als er eigentlich ist. 0,5 dB Korrektur in den Höhen kann das zusammenführen. Dokumentiere deine Entscheidungen in einer kleinen Textdatei im Projektordner.

Mastering belohnt Geduld. Kleine Schritte, gutes Protokoll und ein ruhiger Ablauf schlagen hektischen Perfektionusmus.

Exportieren ist die Kunst, einen fertigen Mix sicher ins Ziel zu bringen. Du hörst leise und normal, prüfst True Peaks und Lautheit und gibst dem Master Luft. Ein externer Mastering-Engineer bekommt eine luftige 24-Bit-Datei ohne Limiter. Eigenes Mastering folgt einem klaren Plan. Tonalität richten, Transienten und Spitzen sichern, Lautheit maßvoll anheben, Reserve für True Peaks lassen. Dithering setzt du genau einmal ein, wenn du die Wortbreite reduzierst. Du erzeugst die benötigten Formate und benennst alles sauber.

Praxisbeispiele

Du mischst eine Pop-Single und willst eine Streaming-Version und eine CD-Version ausspielen. Der Masterkanal zeigt im Refrain kurzzeitig –12 LUFS, der integrierte Wert liegt knapp darunter. True Peaks erreichen –1 dB. Du exportierst eine 24-Bit-Datei für das Archiv und den Upload. Für die CD-Version wandelst du auf sechzehn Bit, 44,1 kHz und aktivierst genau einmal Dither. Beim Gegenhören fallen keine Artefakte auf, Ausklänge sind vollständig.

Du bekommst von der Hochschule eine Deadline und musst drei Songs bündeln. Du legst alle drei in ein Masterprojekt, stellst ihre integrierten LUFS-Werte grob ähnlich ein, hörst nacheinander in sehr leiser Lautstärke durch und passt nur in winzigen Schritten an. Track zwei ist minimal dunkler. Du nimmst einen sehr breiten 0,5-dB-Shelf in den Höhen. Die Pausenlänge zwischen den Stücken justierst du per Gefühl und Stoppuhr. Das Ergebnis wirkt wie aus einem Guss, ohne die Stücke gleich zu bügeln.

Bei einer elektronischen Produktion knallt der Limiter im Refrain konstant 3 dB. Der Song wirkt platt. Du gehst in den Mix zurück, gibst Kick und Bass mehr Ordnung per Sidechain und nimmst eine kleine Kerbe an der Kickfrequenz im Bass. Zurück im Master arbeitet der Limiter nur noch in Spitzen. Der integrierte LUFS-Wert ist nahezu gleich, die Bühne wirkt aber größer und weniger aggressiv.

Baue dir eine Export-Checkliste als Notiz in deiner DAW. Punkte durchgehen, abhaken, exportieren. Das verhindert Flüchtigkeitsfehler kurz vor Abgabe.

Ein fester Ablauf ist dein größtes Werkzeug. Er macht aus Glückstreffern verlässliche Ergebnisse.

Mit dem Export hast du den Song sicher ins Ziel gebracht. Damit schließen wir den Kern der Bearbeitung ab und wenden uns im nächsten Schritt dem Monitoring zu. Dort vertiefen wir die Praxis an deinen Lautsprechern und Kopfhörern. Wir bauen eine einfache Kalibrierung, richten Referenzpegel ein, üben kontrolliertes Gegenhören und klären, wie du in problematischen Räumen trotzdem belastbare Entscheidungen triffst.

Bild 14.4 Ein akustisch optimiertes Studio

15 Monitoring vertiefen: Kalibrierung, Referenzen und verlässliches Gegenhören

Dein Mix entscheidet sich an deinem Hörplatz. Wenn die Abhöre ehrlich ist und die Lautstärke reproduzierbar, fallen Entscheidungen leicht. Dieses Kapitel führt dich tiefer in die tägliche Praxis des Monitorings. Wir kalibrieren eine sinnvolle Arbeitslautstärke, bauen einen kleinen Referenzkatalog auf, üben systematisches Gegenhören und lernen Tricks, mit denen du auch in schwierigen Räumen belastbar bleibst. Ziel ist, dass du jeden Tag sofort richtig hörst, weniger an Reglern drehst und schneller erkennst, was ein Mix wirklich braucht. Alles ist pragmatisch gehalten, damit du es schon heute einrichten und morgen anwenden kannst.

Bild 15.1 Ein akustisch optimierter Arbeitsplatz

Wer konstant abhört, entscheidet konstant. Kalibrierung ermöglicht Routine statt Zufall.

Arbeitslautstärke ist die Lautheit, bei der du lange konzentriert hören kannst. **Kalibrieren** heißt, diese Lautstärke messbar zu machen und am Monitorregler wiederzufinden. **Weißes Rauschen** ist ein Testsignal, das in allen Frequenzbändern gleich viel Energie liefert und sich deshalb gut zum Einpegeln eignet. **Referenzpegel** ist der Wert, auf den du deine Abhöre einstellst, häufig in Verbindung mit einem festen DAW-Pegel für Testsignale. **Crossfeed** ist eine Kopfhörerfunktion, die ein wenig Übersprechen zwischen links und rechts simuliert und damit das Hören über Kopfhörer etwas dem Speaker ähnlicher macht.

Kalibrieren bedeutet nicht laut, sondern verlässlich. Referenzen sind dein Kompass, nicht dein Lenkrad.

Beginne mit einer einfachen Kalibrierung deiner Abhöre. Die Idee ist simpel. Du legst eine Arbeitslautstärke fest, die sich gut anfühlt, und sorgst dafür, dass du sie jederzeit wiederfindest. Starte mit weißem Rauschen in deiner DAW. Setze dich in den Sweetspot, stelle den Abhörmonitor-Regler auf eine angenehme, eher leise Arbeitslautstärke, bei der du entspannt zehn Minuten hören könntest, ohne müde zu werden. Markiere die Stellung dieses Reglers mit einem unauffälligen Punkt und notiere dir die Position. Wenn du ein Schallpegelmessgerät besitzt oder eine verlässliche App, kannst du die Entscheidung zusätzlich stützen. Ab jetzt beginnst du jede Session an dieser Markierung. Sobald du das Testsignal wieder auflegst, wirst du merken, ob etwas verstellt ist.

Mit einer reproduzierbaren Lautstärke werden kleine Unterschiede sofort hörbar. Baue als Nächstes eine kleine Referenzbibliothek, die du wirklich kennst. Drei Titel pro Stilrichtung reichen. Wähle Stücke, die dich klanglich überzeugen. Importiere sie als Spuren in deine DAW und stelle sicher, dass sie nicht über die Summe laufen, die deinen Mix färbt. Gleiche den Pegel grob an. Höre diese Referenzen jeden Tag kurz an, bevor du an deinem Mix schraubst. Achte jeweils auf einen Aspekt: Zuerst auf die Mitte und die Verständlichkeit der Stimme. Am nächsten Tag die Ruhe im Hochton. Dann die Ordnung im Bass. Notiere dir pro Titel eine Einzeiler-Erinnerung, zum Beispiel: Stimme greifbar ab 2 kHz, Bass knurrt bei 100 Hz, Räume kurz und dunkel. Diese Mini-Memos sind dein persönliches Lehrbuch. Je öfter du dieselben drei Titel hörst, desto schneller findest du die Richtung im eigenen Projekt.

Lege dir in der DAW einen Referenzschalter an, der deinen Mix stumm schaltet und die Referenz direkt auf die Summe gibt. Ein Klick, ein ehrlicher Vergleich.

Jetzt üben wir Gegenhören in kleinen Schritten. Die schnellste Prüfung ist Stereo und Mono bei geringer Lautstärke. Schalte in deiner Summe auf Mono und höre den Refrain sehr leise ab. Wenn Stimme, Kick und Bass in diesem Moment stabil bleiben, trägt die Mischung. Wenn die Stimme nach hinten fällt, ist die Mitte nicht fest genug oder Hall und Delay bekommen zu viel Platz. Der nächste Test ist der Small-Speaker-Check. Spiele deinen Mix über ein einzelnes, kleines Gerät ab. Nutze zum Beispiel eine kleine Bluetooth-Box oder das Handy. Lege das Gerät mittig vor dich und höre nicht lauter als deine Arbeitslautstärke. Du wirst sofort merken, ob die Balance der Mitten stimmt. Diese Perspektive darf kein Ersatz sein; sie ist der ehrliche Spiegel, der dir zeigt, ob der Song auch ohne Luxus funktioniert.

Für Kopfhörer gilt eine eigene Routine. Offene Modelle sind ideal, um Details, Hallfahnen und harte Höhen zu kontrollieren. Wenn du viel über Kopfhörer arbeitest, helfen zwei kleine Tools: Eine Korrektur über ein Profil, das dein Kopfhörermodell linearisiert, macht die Beurteilung zuverlässiger. Und wenn die Möglichkeit durch einen Kopfhörervorverstärker besteht, hilft ein sanfter Crossfeed. Der Crossfeed gibt dir den Eindruck von Lautsprechern, indem er das Übersprechen simuliert. Das bedeutet nicht, dass du Mischungen ausschließlich auf Kopfhörern bauen solltest. Aber du bekommst eine zweite Perspektive, die Fehler in der Mischung zeigen kann. Wechsle über den Tag zwischen Lautsprechern und Kopfhörern. Kurzes Hören genügt. Die Mischung profitiert vom Wechsel von Abhörmonitoren auf Kopfhörer.

Bild 15.2 Ein Audio-Engineer bei der Arbeit

Schwierige Räume sind Alltag im Homestudio. Du brauchst keine Perfektion, du brauchst Strategien. Wenn der Bass ungleich wirkt, verschiebe den Hörplatz wenige Zentimeter vor und zurück. Oft verändert sich das Verhältnis unten schon durch diese kleine Bewegung, weil du dich aus einem Modenbereich herausbewegst. Wenn die Höhen hart sind, mindere frühe Reflexionen dort, wo es schnell geht. Ein dicker Vorhang neben dem ersten Spiegelpunkt, ein Teppich zwischen Tisch und Stuhl, ein breites Bücherregal mit unruhiger Oberfläche. Wenn dein Raum im Bassbereich etwas fahl ist, kannst du in der Summe sehr dezent einen Low-Shelf anheben, den du beim Gegenhören auf Kopfhörern kontrollierst. Wenn dein Raum im oberen Frequenzbereich etwas sticht, nimm oben minimal zurück. Halte diese Korrekturen wirklich klein und dokumentiere sie als festen Bestandteil deines Templates. So bleibt die Übersetzung konsistent. Alternativ gibt es Hersteller, die Einmess-Systeme entwickelt haben, um die Schwächen eines Raumes wieder auszubügeln. Die Lautsprecher werden hierfür mit einem Messmikrofon kalibriert.

Eine kurze Routine für jeden Mixdurchgang bringt Ruhe in den Tag. Starte an der markierten Arbeitslautstärke. Höre eine Minute Referenz. Öffne deinen Mix und höre dreißig Sekunden leise in Mono. Kehre in Stereo zurück. Passe zwei Dinge an, nicht zehn. Wechsle für eine Minute auf Kopfhörer und prüfe Hall und Höhen. Kehre an die Lautsprecher zurück, stelle die Lautstärke kurz etwas höher, um Energie und Pumpen zu beurteilen, und gehe zurück auf leise. Exportiere nach dem nächsten sinnvollen Schritt eine Version und höre sie außerhalb deines Platzes auf einem einfachen System ab. Diese kleine Schleife kostet zehn Minuten, spart dir aber Stunden an Grübelei.

Drei kurze Perspektiven zeigen mehr als ein langer Blick.

Mit einer markierten Arbeitslautstärke, einem festen Referenzsatz und kurzen Gegenhörschleifen triffst du schneller die richtigen Entscheidungen. Mono in leiser Lautstärke zeigt die Mitte, Referenzabhören wie z. B. Bluetooth-Lautsprecher zeigen die Mittenbalance, Kopfhörer zeigen Details. In schwierigen Räumen helfen kleine, dokumentierte Korrekturen und minimale geometrische Anpassungen. Dein Ziel ist nicht die perfekte Messkurve, sondern eine wiederkehrende Hörumgebung, in der du jeden Tag sofort verlässlich beurteilen kannst, was du hörst.

Kalibrierte Gewohnheit schlagen teure Spontankäufe.

Praxisbeispiele

Eine Pop-Mischung verliert auf dem Handy den Bass. Beim Small-Speaker-Check ist der Tiefbereich kaum zu spüren. Du gibst dem Bass eine leichte Transistorsättigung und nimmst in den Tiefen ein paar Frequenzen weg. Beim nächsten Check ist der Bass auf dem Handy hörbar und auf den Lautsprechern bleibt der Bass stabil.

Ein Indie-Track wirkt in der Strophe dünn und im Refrain zu dicht. Während des Abhörens in Mono bei leiser Lautstärke merkst du, dass die Stimme in der Strophe nicht ganz in der Mitte sitzt und der Hall zu früh einsetzt. Du verzögerst den Hall mit etwas Pre-Delay und automatisierst den Pegel des Effekts im Refrain minimal nach oben, in der Strophe nach unten. Die Mitte bleibt stabil, der Refrain wirkt größer, ohne lauter zu werden.

Was gut aufgenommen ist, mischt sich leichter. Aufnahme ist die erste und beste Klangbearbeitung.

Dein Monitoring steht jetzt auf verlässlichem Fundament. Im nächsten Kapitel geht es um pragmatische Abhörpflege, sinnvolle Updates, Archivierung, Versionierung und um Routinen, die dich als Engineer stetig besser machen. Denn das beständigste Upgrade ist nicht ein neues Plug-in, sondern ein System, das dich zuverlässig unterstützt und in dem du jede Woche ein kleines Stück sicherer wirst.

16 Organisation, Pflege und Routine: So bleibt dein Homestudio verlässlich

Bis hierhin haben wir am Klang gearbeitet. Jetzt sorgen wir dafür, dass dein System jeden Tag bereit ist, ohne dass du darüber nachdenken musst. Organisation klingt trocken, wirkt aber direkt auf deine Ergebnisse. Eine klare Ordnerstruktur, verlässliche Backups, gepflegte Abhöre, durchdachte Updates und kleine tägliche Routinen sparen Zeit und Nerven und sichern Qualität. Dieses Kapitel baut einen ruhigen Rahmen rund um deine kreative Arbeit. Du lernst, wie du Projekte strukturierst, Versionen nachvollziehbar benennst, wie du Referenzen pflegst, deine Abhörkette sauber hältst und warum kleine Checklisten mehr Musik in deinen Tag bringen. Am Ende steht ein Homestudio, das sich anfühlt wie ein gut eingespieltes Instrument.

Ordnung klingt: Wer weniger sucht und repariert, hört mehr und entscheidet besser.

Projektordner ist der Hauptordner, in dem alles zu einem Song oder Auftrag liegt. **Audio-Rohdaten** sind die aufgenommenen oder importierten Originaldateien, nicht bearbeitet und nicht komprimiert. **Session-Datei** ist deine DAW-Projektdatei mit allen Spuren, Plug-ins und Automationen. **Versionierung** bezeichnet das nachvollziehbare Abspeichern von Zwischenständen, damit du jederzeit zurückkannst. **Referenzbibliothek** ist eine Sammlung gut klingender Titel, die du kennst und regelmäßig zum Vergleichen nutzt. **Template** ist ein vorbereitetes Startprojekt mit Routing, Returns und Metering. **Backup** bedeutet eine zweite oder dritte Kopie an einem anderen Ort. Es gibt das Prinzip eins zu zwei, eine Arbeitskopie, eine lokale Sicherung und eine externe oder Cloud-Sicherung. **Kalibrierung** beschreibt das Wiederfinden deiner Arbeitslautstärke und deiner Abhörgeometrie. Maintenance umfasst Pflegearbeiten wie Staub entfernen, Steckverbindungen prüfen, Software aufräumen und Updates planen.

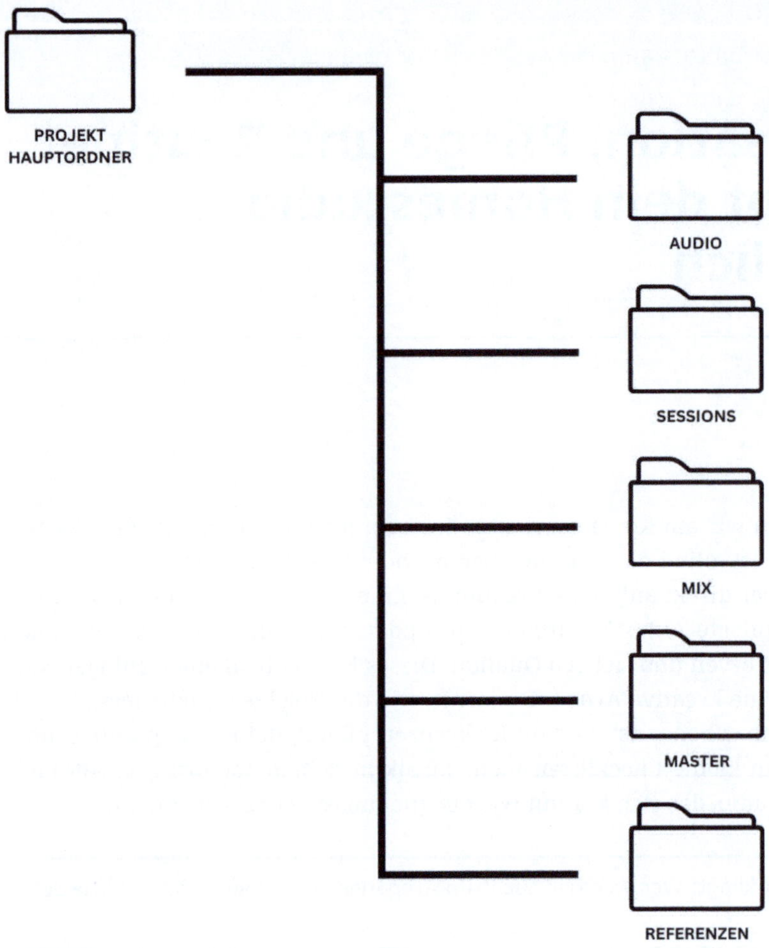

Bild 16.1 So könnte eine Ordnerstruktur aufgebaut sein

Ein Projekt braucht Heimat, eine Version braucht Namen, ein Mix braucht Referenzen, ein System braucht Sicherungen.

Beginne mit einem Projektgerüst, das du für jeden Song wiederverwendest. Lege pro Produktion einen Hauptordner an. Darin liegen fünf Unterordner: Audio, Sessions, Mix, Master, Referenzen. In „Audio“ liegt alles Rohmaterial. Die importierten Stems, die aufgenommenen Takes, die Bounce-Zwischenstände aus anderen Programmen. In „Sessions“ speicherst du die DAW-Datei mit Datum und Versionsnummer. Der Ordner „Mix“ enthält die aus der Session exportierten Zwischenmischungen, die du an dich selbst oder an Mitwirkende schickst. „Master“ nimmt die finalen Dateien auf, die du tatsächlich veröffentlichst oder weitergibst. „Referenzen“ enthält drei bis fünf Titel, die stilistisch passen. Achte darauf, dass du die Referenzen in denselben Formaten wie deinen Mix vorhältst, damit der Vergleich fair bleibt.

Benennung ist der schnellste Hebel gegen Chaos. Verwende einen ruhigen, immer gleichen Stil. Wenn du eine besondere Eigenschaft festhalten willst, füge ein kurzes Schlagwort hinzu, etwa „Pre-Master“ oder „VoxUp“. Halte es knapp. Der Gewinn ist, dass du zwei Monate später noch immer exakt weißt, was wo zu finden ist. Du brauchst keine Erinnerungsakrobatik, du liest die Ordnung einfach ab.

> Benennung: Verwende immer führende Nullen bei Versionen. V04 sortiert sich sauberer als v4.

Versionierung in der DAW ist kein Luxus, sondern Sicherheit. Speichere Meilensteine aktiv ab. Nach dem Rough Mix, nach dem großen EQ-Durchgang, nach der Vocal-Bearbeitung und nach dem ersten vollständigen Mix. Wenn du dich verrennst, kannst du zurückspringen, ohne den Kopf voll Vergleichsgedanken zu haben. Viele DAWs bieten automatische Backups. Stelle den Abstand nicht zu hoch ein. Lieber alle zehn Minuten eine Sicherung als eine Stunde Risiko. Leere den Backup-Ordner einmal pro Woche in Ruhe, damit er nicht überquillt.

Backups sind die Versicherung für deine Arbeit. Ein einfaches, robustes Prinzip ist eins zu zwei. Deine Arbeitskopie liegt auf dem Rechner. Eine zweite Kopie liegt täglich aktualisiert auf einer externen Festplatte, die nicht dauerhaft angeschlossen ist. Eine dritte Kopie liegt außerhalb der Wohnung, entweder als zweite Platte bei einer vertrauten Person oder bei einem seriösen Clouddienst. Die lokale Sicherung erledigst du mit einem kleinen Backup-Tool, das spiegeln kann. Plane es so, dass es automatisch startet, wenn du eine Platte anschließt. Die externe Sicherung machst du einmal am Tag oder nach jeder großen Session. Die entfernte Sicherung läuft über Nacht. So verlierst du im schlimmsten Fall nur wenige Stunden, niemals wochenlange Arbeit.

> Schreibe dir auf die externe Platte einen kleinen Zettel mit dem Datum der letzten Sicherung. Wenn du die Platte in die Hand nimmst, siehst du sofort, ob du aktuell bist.

Halte dein Homestudio in Schuss. Halte die Oberflächen staubfrei, prüfe Kabel auf Wackler, kontrolliere die Stative auf festen Stand. Einmal pro Monat schaust du dir die Rückseiten der Geräte an, ob etwas locker geworden ist. Ziehe Netzteile aus überfüllten Steckdosenleisten und verteile Lasten. Trenne nach Möglichkeit Audiogeräte räumlich von anderen Geräten und starken Verbrauchern. Eine ruhige Stromversorgung macht mehr Unterschied, als man denkt. Kalibriere deine Arbeitslautstärke. Markiere die Stellung deines Monitorreglers, bei der du lange entspannt hören kannst. Spiele eine kurze, bekannte Referenz. Wenn sie so klingt, wie du sie kennst, ist alles optimal. Wenn nicht, prüfe, ob jemand an der Einwinkelung der Lautsprecher oder an der Sitzposition etwas verändert hat.

Softwarepflege ist eine Frage des Timings. Updates bringen Stabilität und Fehlerbehebungen, aber sie bringen manchmal neue Überraschungen. Plane Updates, wenn keine Deadline ansteht. Erstelle vorher ein vollständiges System-Backup. Aktualisiere zuerst die DAW, dann wichtige Plug-ins, dann Treiber. Öffne eine Testsession mit vielen Spuren und deinen typischen Effekten. Spiele ab. Nimm kurz auf. Exportiere. Wenn alles läuft, ist die Bühne frei. Wenn nicht, kehre mit dem Backup auf den letzten, funktionierenden Stand zurück und verschiebe eventuelle Updates. Ein Homestudio ist kein Ort für spontane Experimente am Morgen vor einer Abgabe.

Führe ein schlichtes Changelog als Textdatei im Studioordner: Datum, was wurde aktualisiert, was hat sich verändert. Du weißt später, warum etwas anders klingt oder reagiert.

Referenzen sind dein Kompass. Lege dir pro Genre eine kleine, gepflegte Bibliothek an. Drei Titel, die du wirklich gut kennst, reichen aus. Hören lernen heißt, ständig vergleichen. Pegle deine Referenz auf denselben Lautheitsbereich wie deine Session ein, damit dich die Psychoakustik nicht austrickst. Höre auf die Mitte, auf die Tiefenstaffelung, auf die Balance der oberen Mitten, auf die Ruhe im Hochton. Notiere dir kurze Sätze zu jedem Titel, beispielsweise „Stimme sehr präsent ab 2 kHz, Bass eher oberer Bass um 100 Hz, Räume eher kurz und dunkel“. Diese Mini-Memos beschleunigen deinen Hörabgleich. Je öfter du dieselben Referenzen hörst, desto schneller findest du die richtige Richtung.

Dein täglicher Ablauf darf klein sein. Zehn Minuten reichen, um deutlich effizienter zu werden. Öffne die Session, höre den letzten Export eine Minute bei leiser Lautstärke, starte an einer Stelle, wo du gestern gezögert hast. Notiere dir drei Aufgaben für heute. Eine Klangaufgabe, eine Strukturaufgabe, eine Aufräumaufgabe. Beispiel: Bei den Vocals „S“-Schärfe entschärfen, im Chorus Räume ordnen, den Referenz-Ordner aktualisieren. Wenn du das abgearbeitet hast, bist du schon einen Schritt weiter, auch wenn du dich erst danach den großen Baustellen widmest.

Drei klare Aufgaben schlagen zehn diffuse Ideen.

Gesundheit ist Technik. Dein Gehör ist dein wichtigstes Werkzeug. Höre überwiegend leise. Mache Pausen, bevor dich Müdigkeit dazu zwingt. Vermeide Langzeitsessions mit hoher Lautheit. Wenn du längere Zeit mit Kopfhörern arbeitest, nutze Modelle, die gut sitzen und nicht drücken. Achte auf die korrekte Sitzhaltung. Kleine Stellschrauben am Stuhl und am Tisch sparen dir Verspannungen und halten deine Konzentration. Trinke genug Wasser. Es klingt banal, aber Müdigkeit durch Flüssigkeitsmangel kostet dich gute Entscheidungen.

Kommunikation ist Teil der Organisation. Wenn du mit anderen arbeitest, stimme Dateiformate und Benennungen vorher ab. Schicke eine kurze Readme-Datei mit, die Auskunft gibt, welche Samplerate, welche Bittiefe und welche Zieldateien du erwartest. Wenn du Feedback einholst, bitte um konkrete Stellenangaben. Zeitmarken sind besser als Bauchbeschreibungen. Lege in der Session Marker mit Abschnittsnamen an, damit alle über dieselben Punkte sprechen.

Zum Schluss lohnt ein Blick auf persönliche Lernroutinen. Baue dir kleine, wiederkehrende Übungen. Ein Tag pro Woche fünf Minuten Resonanzsuche auf Vocals. Ein Tag pro Woche: ein Blindtest von zwei EQ-Strategien auf demselben Loop. Einmal im Monat eine alte Session öffnen und mit deinem heutigen Template neu anfahren. Fortschritt ist hörbar, wenn du ihn protokollierst. Ein kleines Notizbuch oder eine Text-Datei, die mit Datum protokolliert, was du ausprobiert hast und was funktioniert hat, ist dein persönliches Lehrbuch.

Ein verlässliches Homestudio entsteht aus vielen kleinen, liebevollen Handgriffen. Ein klarer Projektordner hält alles zusammen. Nachvollziehbare Namen und Versionen geben dir Sicherheit. Doppelte Backups schützen deine Arbeit. Eine gepflegte Abhöre und eine kalibrierte Arbeitslautstärke verankern dein Gehör. Geplante Updates verhindern böse Überraschungen. Referenzen und kleine tägliche Routinen machen dich schneller und ruhiger. Gesundheit und Haltung halten dich lange auf Kurs. Mit diesem Rahmen fühlt sich jede Session wie ein Heimspiel an. Du öffnest, arbeitest, speicherst, sicherst und gehst mit einem guten Gefühl aus dem Raum.

Ein System, das dich trägt, macht dich kreativ. Organisation ist keine Bremse, sondern dein Sprungbrett.

Praxisbeispiele

Ein Studienprojekt verlangt drei Mixes in zwei Wochen. Du legst pro Song einen identischen Projektordner an und benennst Sessions mit Datum und Versionsnummer. Am Ende jedes Tages exportierst du eine Mixvorlage in den Unterordner „Mix", lädst sie kurz aufs Handy und hörst sie auf kleinen Ohrhörern den Heimweg entlang. Du notierst drei Stichpunkte für den nächsten Tag. Ergebnis: stetiger Fortschritt, keine Panik am Abgabetag.

Nach einer längeren Pause klingt deine Abhöre anders. Du stellst fest, dass ein Lautsprecher leicht verdreht ist und der Stuhl zu weit nach hinten gerutscht ist. Du setzt beide Hochtöner wieder exakt auf Ohrhöhe, richtest die Boxen millimetergenau auf den Sweetspot und markierst die Stuhlposition mit einem kleinen Klebepunkt am Boden. Beim Gegenhören mit einer Referenz sitzt die Mitte wieder stabil.

Während eines Mixes stürzt die DAW ab und du verlierst eine Stunde Arbeit. Danach aktivierst du automatische Backups alle zehn Minuten und speicherst manuell Meilensteine. Außerdem richtest du eine externe SSD als tägliche Sicherung ein, die beim Einstecken automatisch spiegelt. In der nächsten Woche passiert ein Ausrutscher: Du öffnest die letzte Sicherung und arbeitest ohne Drama weiter.

Du bekommst Feedback, dass die Vocals in der Bridge etwas untergehen. Statt im Nebel zu suchen, bittest du um konkrete Zeitmarken. Du fügst Marker in der Session ein, hebst an diesen Stellen per Automation die Lautstärke um 1 dB an und duckst den Hall. Der Unterschied ist präzise und schnell erledigt. Die neue Version erhält den Zusatz „v07 VoxUp" und liegt sauber im Ordner.

Hänge dir eine kleine A4-Checkliste neben deinen Bildschirm. Ordner anlegen, Session benennen, Backup einrichten, Referenzen importieren, Arbeitslautstärke prüfen, drei Aufgaben notieren. Ein Blick, ein Haken, ein guter Start.

Bild 16.2 Ein Engineer mit seiner Checkliste

Im nächsten Kapitel bauen wir einen systematischen Troubleshooting-Weg für das Homestudio. Du lernst, wie du Rauschen, Brummen, Phasenprobleme, Klicks und Latenz methodisch findest und schnell löst. Ordnung in der Kette spart Zeit und rettet Sessions, bevor sie kippen.

17 Troubleshooting im Homestudio: Rauschen, Brummen, Phasen, Klicks, Latenz

Früher oder später stolpert man in einer Session über Probleme. Es knistert beim Einspielen, ein Summen nervt im Kopfhörer, die Snare klingt dünn, obwohl du nichts geändert hast, oder die DAW stockt im Refrain. Die gute Nachricht ist, dass sich fast alle Probleme mit einem ruhigen, systematischen Vorgehen lösen lassen. In diesem Kapitel bauen wir dir einen klaren Weg von der Schallquelle bis zur Datei. Du lernst, wie du Fehler schnell eingrenzt, wie typische Störenfriede klingen und woher sie kommen, und wie du mit wenigen Handgriffen Brummschleifen, Phasenkollisionen, Klicks beim Schneiden, True-Peak-Überraschungen und Latenz in den Griff bekommst. Ziel ist nicht „Zauberei“, sondern ein verlässlicher Ablauf, der dich aus jeder Panne zurück in den Flow bringt.

Prüfe zuerst die Signalkette, bevor du Plug-ins verdächtigst. Ordnung löst die meisten Probleme schneller man denkt.

Mit **Brummschleife** bezeichnet man eine ungewollte Masseschleife zwischen Geräten über Audiokabel und Stromnetz. Dieses Problem äußert sich über ein hörbares Brummen. Als **Rauschen** bezeichnet man ein breitbandiges Störsignal, welches von Vorverstärkern, Mikrofonen, Gitarrenpickups und Plug-ins ausgelöst werden kann. **Phase** beschreibt die zeitliche Lage zweier identischer Signale zueinander. Bei Verschiebungen der Phasenlage kann das Audiosignal dadurch ausgedünnt werden. Die Phase auf einer Spur zu drehen, behebt nicht immer das Problem, kann aber oft helfen. Mit **Klicks und Pops** sind kurze, steile Impulse gemeint. Diese entstehen durch unsaubere Schnittkanten, Clock-Fehler oder Buffer-Dropouts. Mit **Latenz** bezeichnet man die Verzögerung zwischen Eingang und Ausgang. Diese hängt von Buffergröße, Treiber und der Plug-in-Kette ab. Clock und Wordclock beschreiben die Zeitbasis für digitale Geräte. Eine unsichere Clock erzeugt Knackser, Aussetzer und Phasenflattern. Mit einem Buffer-Dropout sind kurze Aussetzer in der Wiedergabe oder Aufnahme gemeint. Sie entstehen meist durch CPU-Überlastung oder sind durch Datentransfer bedingt.

Der sichere Weg in der Fehlersuche: von hinten nach vorne prüfen

---

Wenn etwas nicht stimmt, arbeite immer rückwärts. Zuerst die Abhöre, dann die Summe, dann Gruppen, dann Einzelspuren, am Ende die Hardware.

1. **Abhöre ausschließen**

   Wechsle kurz auf Kopfhörer. Ist das Problem weg, liegt es an Lautsprechern, an der Verkabelung, am Interface-Ausgang oder an der Raumakustik? Ist es noch da, stecke den Kopfhörer in einen zweiten Ausgang. Wenn das Problem nur auf einem Ohr zu hören ist, prüfe das Kabel. Ein sauberer Kopfhörercheck trennt sehr schnell Wiedergabe von Produktion.

2. **Summe und Bypass**

   Besteht das Problem weiterhin, schalte Summen-Plug-ins nacheinander aus. Beginne beim Limiter. Viele Artefakte entstehen dort. Bypasse dann hintereinander Kompressor, EQ und Analyzer und höre dir das Ergebnis an. Wenn der Fehler verschwindet, hast du den Übeltäter.

3. **Gruppen**

   Schalte Gruppen stumm. Drums, Musik, Vocals. Schalte sie nacheinander wieder an. So weißt du schnell, ob der Fehler aus den Gruppen resultiert.

4. **Einzelspuren**

   Isoliere einzelne Spuren nacheinander. Achte auf die Spur, bei der der Charakter des Fehlers klar auftaucht. Prüfe Fades und Clip Gain. Häufig sind zu harte Schnitte oder vergessene Fades die Ursache von Klicks. Setze millisekundenkurze Fades ein. Dies behebt häufig das Problem.

5. **Hardware**

   Wenn das Problem weiterhin auftritt, prüfe die Hardware. Tausche das Mikrofon, prüfe die Kabel, wechsle den Interface-Eingang. Ein defektes Kabel kann mehr Drama verursachen, als du dir vorstellen kannst. Teste dann erneut mit einem einfachen Signal wie Klatschen oder einfachem Gesang.

Bild 17.1 Nur wenn du dein Studio kennst und im Griff hast, kannst du vernünftig damit arbeiten

Brummen und Rauschen bändigen

Brummschleifen erkennst du an einem tiefen 50-Hz-Ton und dessen Obertönen bei 100 und 150 Hz. Typisch sind Brummschleifen bei Gitarrenamps, unsymmetrischen Verbindungen und mit Netzteilen verbundenen Laptops. Erste Hilfe ist Trennung von Signal- und Stromwegen. Hänge das Audiointerface und die Abhöre an dieselbe Steckdosenleiste, vermeide Ketten über mehrere Steckerleisten. Nutze symmetrische Kabel, wo immer möglich. Bei Gitarren hilft eine DI-Box mit Ground-Lift. Bei Computern hilft oft, das Laptop-Netzteil kurz zu trennen und auf Akkubetrieb zu prüfen. Wenn das Brummen verschwindet, ist die Netzseite die Quelle. Netzteile nicht übereinander stapeln, Abstand halten.

Rauschen hat viele Gesichter. Ein dynamisches Mikro braucht mehr Gain, dadurch rauscht der Preamp. Gerade bei dynamischen Mikrofonen kann ein Fethead helfen. Das ist ein kleiner Vorverstärker, der oft mit Phantomspeisung betrieben wird. So wird der Pegel des dynamischen Mikrofons von Vornherein erhöht, damit dein Preamp nicht so stark aufholen muss. Setze den Sänger näher ans Mikro, drehe den Preamp moderat auf, ohne zu übertreiben. Prüfe Plug-ins mit Gate, Sättigung und Vintage-Emulationen. Manche Plug-ins emulieren nämlich sogar Rauschen. Ein typisches Beispiel sind hier Vintage-Plug-ins der Firma Waves. Sollten derartige Plug-ins in der Kette sein, schalte sie aus. In Pausen des Audiosignals eignet sich ebenfalls Clip Gain statt eines Gates. Sehr schmale Resonanzen im Frequenzspektrum werden häufig durch Netzteile oder Lampen erzeugt. Egal wie banal es klingt, aber schalte die Lampen aus und prüfe erneut.

Suche Brummen mit einem schmalen EQ-Band im Analyzer. Wenn der Peak genau auf 50, 100 oder 150 Hz sitzt, bist du dem Übeltäter auf der Spur. Entferne immer eher die Ursache, anstatt in der Nachbearbeitung.

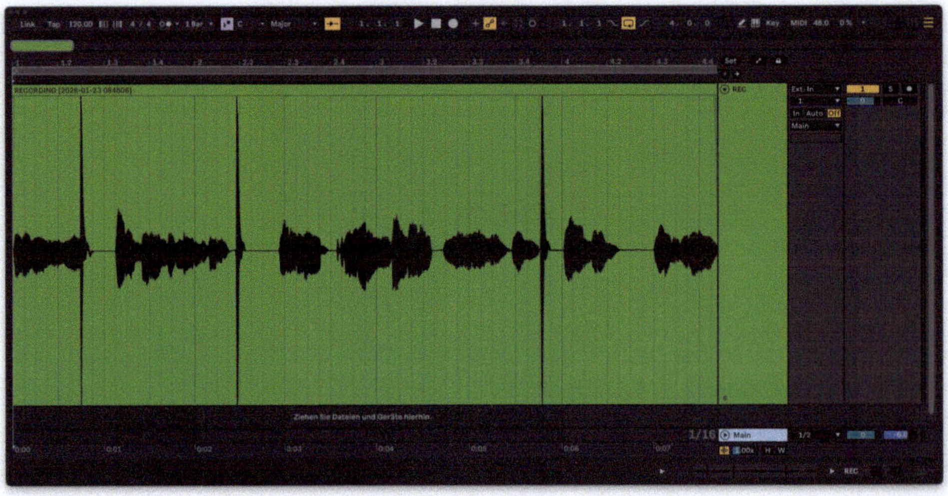

Bild 17.2 Störgeräusche wie Plosivlaute lassen sich auf einer Audiospur schnell erkennen

Klicks, Pops und Exportfallen

Klicks äußern sich durch winzige Sprünge z. B. an Schnittstellen. Setze Fades an jeden Schnitt, selbst bei Nullpunkt-Übergängen. Wenn es dennoch knackt, vergrößere minimal die Fadezeit. Bei Importen aus anderem Material prüfe Sampleraten. Wenn ein 48-kHz-Clip in einer 44,1-kHz-Session ohne Resampling läuft, verändert sich die Länge oder es entstehen Artefakte. Setze in der DAW die richtige Projekt-Rate und konvertiere die Audiospuren. Beim Export tauchen manchmal neue Pegelspitzen auf, die sogenannten Intersample-Peaks. Halte am Ende etwa 1 dB True-Peak-Reserve. Prüfe die exportierte Datei kurz mit einem True-Peak-Meter. Wenn MP3s hart klingen, exportiere neu mit höherer Qualität oder gib dem Master minimal mehr Luft.

Ein einziges Millisekunden-Fade an jeder Clipkante spart eine Stunde Fehlersuche. Gewöhne dir dieses Vorgehen also schnellstmöglich an.

Latenz und Knackser im Einspielmodus

Knackser beim Einspielen entstehen oft durch zu kleine Buffergröße und CPU-Überlastung. Für das Spielgefühl sind kleine Buffer und eine geringe Latenz notwendig, aber die CPU schafft das nicht immer. Nutze hier Direktmonitoring, welches z. B. DSP-gesteuert durch dein Interface läuft. So kannst du Rechenleistung einsparen. Zusätzlich haben derartige Interfaces eine sehr geringe Latenz. Wenn du Software-Amps brauchst, setze den Buffer moderat klein. Um Leistung zu sparen, kannst du bereits eingespielte Instrumente einfrieren und rechenintensive Plug-ins, die nicht dringend benötigt werden, ausschalten. Linearphasige EQs, Look-Ahead-Limiter und aufwendige Hallfaltungen sind besonders rechenintensiv. Sie bieten sich an, bei der Aufnahme ausgeschaltet zu werden. Erhöhe den Buffer fürs Mischen wieder, wenn die DAW stockt. Prüfe auch Hintergrundprozesse. Gerade Hintergrundaktivitäten wie der Internet- oder Gamebrowser fressen viel Leistung.

Kleiner Buffer zum Einspielen, großer Buffer zum Mischen. Schweres Zeug im Mix, nicht während des Aufnehmens.

Clock, digitale Verbindungen und ADAT

Wenn Interface und externer Preamp per ADAT verbunden sind, muss ein Gerät Clock-Master sein. Stelle im Interface-Panel die Clock-Quelle auf intern oder auf ADAT, je nachdem, wer Master sein soll. Falsche Einstellungen erzeugen Klicks und Artefakte. Optische Kabel müssen sauber sitzen. Prüfe die Samplerate auf allen Geräten und ob Änderungen vom Clock-Master auf den Clock-Slave übertragen. Unterschiedliche Raten auf Clock-Master und Clock-Slave führen zu Tempo-Fehlern und Artefakten.

CPU, Disk und Buffer-Dropouts

Wenn Aussetzer ohne Aufnahme passieren, liegt es oft an Disk-Streams von Sampler-Libraries oder an zu vielen ungerenderten Effekten. Lege den Library-Ordner auf eine schnelle SSD. Erhöhe die Buffer-Größe in den Sampler-Einstellungen. Bounce-Spuren, die so weit stehen. Schalte die DAW auf höhere Buffer, wenn du nicht einspielst. Halte Projekte schlank. Lege einen Templates-Ordner an, aber starte nicht mit fünfzig Plug-ins, die du später nicht brauchst. Ordnung spart hier deutlich Rechenleistung.

Übersprechen, Feedback und Mikrodisziplin

Wenn Sänger sich selbst im Mikro doppelt hören, obwohl kein Effekt auf der Spur liegt, steht der Kopfhörer zu leise oder es handelt sich um einen offenen oder halboffenen Kopfhörer. Nimm geschlossene Kopfhörer für die Aufnahme. Stelle die Kopfhörer erstmal leise ein und finde den optimalen Pegel gemeinsam mit dem Musiker. Platziere den Popschutz vernünftig und halte genügend Abstand. Ein Feedback entsteht schneller in kleinen Räumen, gerade wenn der Aufnahmebereich nicht von der Regie getrennt ist, weil im gleichen Raum aufgenommen wird. Wenn es zu so einer Raumsituation kommt, achte darauf, die Lautsprecher während der Aufnahme auszuschalten, um Übersprechen zu verhindern. Das Gleiche gilt auch für die Aufnahme von Gitarren.

Ordnung als Werkzeug

Benennung, Farbcode und Marker sparen bei Fehlern Zeit. Wenn du direkt weißt, welche Spur wohin geroutet ist, findest du den Fehler schneller. Ein eigener Ordner für Problem-Prints hilft. Bounce die fehlerhafte Stelle solo heraus und höre sie separat ab. So siehst du, ob es der Export oder die Session war.

Troubleshooting ist kein Hexenwerk, solange man ein System hat. Du gehst vom Ende zum Anfang vor. Abhöre trennen, Summe bypassen, Gruppen prüfen, Einzelspuren solo prüfen, Fades setzen, Hardware tauschen. Brummen bekämpfst du mit symmetrischen Verbindungen, sauberer Stromführung oder Ground-Lift an der DI-Box, Rauschen mit vernünftigem Gainstaging und sparsamen Gates. Eine klare Clock hält digitale Wege sauber, SSDs und Bounces halten die DAW stabil. So kannst du Problemen vorbeugen und findest diese schneller, sollten dennoch welche auftreten.

System schlägt Stress. Wer seinen Signal-Weg kennt, findet in wenigen Minuten die Fehlerquelle.

Bild 17.3 Seine Signalwege zu kennen, ist essenziell

Praxisbeispiele

Brummen bei der Gitarrenaufnahme

Du nimmst eine E-Gitarre auf, ein 50-Hz-Brummen nervt. Du ziehst den Netzstecker des Laptops kurz, das Brummen verschwindet. Ursache ist eine Masseverbindung. Lösung: Interface und Amp an dieselbe Steckerleiste, DI-Box mit Ground-Lift zwischen Gitarre und Interface, Netzteil vom Laptop auf einen anderen Stromkreis oder Abstand. Ergebnis: Das Brummen verschwindet.

Klicks beim Export trotz sauberer Session

Im Projekt ist alles in Ordnung, in der MP3 sind Klicks an lauten Stellen hörbar. Du misst True Peak und siehst Spitzen knapp unter Null. Der Encoder erzeugt Intersample-Peaks. Lösung: Limiter-Output auf –1 dB, neu exportieren. Klicks verschwinden.

Knackser beim Einspielen von Vocals

Bei 64 Samples-Buffer knackt es. Du aktivierst Direktmonitoring, frierst zwei schwere Synths ein und schaltest den Hall auf Bypass. Buffer bleibt klein, keine Knackser mehr. Danach schaltest du alles wieder an und erhöhst den Buffer zum Mischen.

Rauschen auf der Vocalspur

Ein leises, konstantes Rauschen bleibt. Du stellst fest, dass der Vintage-Kompressor im Insert eine Noise-Emulation hat. Schalter diese aus, das Rauschen ist nun weg. Restliche Pausen werden mit Gainstaging entschärft.

Halte dir eine „Zwei-Minuten-Checkliste" auf Papier parat. Abhöre wechseln, Summen-Limiter aus, Fades prüfen, Buffer prüfen, Stromwege checken. Einmal das Grobe durchgehen und erst dann ins Detail.

Mit einem systematischen Troubleshooting bist du schnell wieder arbeitsfähig, wenn etwas hakt. Damit schließen wir auch das letzte Kernthema des Homestudios ab. Ab jetzt gilt es, die besprochenen Dinge zu vertiefen und täglich anzuwenden, um ein besserer Audio-Engineer zu werden.

Ein durchdachter Ablauf findet schnell Fehler und schützt auch vor neuen.

Was bleibt und was als Nächstes kommt

Du hast nun alle Mittel an der Hand, um den Homestudio-Alltag zu bewerkstelligen. Von Ordnung und Pegel über EQ und Dynamik, von Räumen und Zeit bis zu Sättigung und Kanalzügen, von Monitoring und Aufnahme hin zu MIDI, Feintuning, Troubleshooting und Export. Aus einzelnen Werkzeugen ist ein Ablauf geworden. Du weißt jetzt, wie du eine Session beginnst, wie du zügig zu einer Balance kommst, wie du Probleme erkennst und löst und wie du am Ende das Audiomaterial exportierst.

Ein klarer Ablauf und somit eine klare Struktur schlagen jede Sammlung an Tricks.

Dein nachhaltiger Workflow

Behalte drei Routinen bei:

1. eine markierte Arbeitslautstärke und einen Satz an Referenzsongs,
2. ein sauberes Projektgerüst mit Versionen und Backups,
3. kurzes Abwechseln des Abhörens zwischen Stereo, Mono, Small Speaker und Kopfhörern.

Schreibe dir eine einseitige Studio-Hausordnung: Lautstärke, Referenzen, Ordner, Backup, drei Tagesaufgaben. Hänge sie neben deinen Bildschirm.

Weiter wachsen

Suche dir pro Monat ein kleines Thema. Einen Monat lang nur Kick- und Bass-Zusammenspiel verfeinern. Einen Monat Vocal-Automation verbessern. Einen Monat widmest du dich Räumen und Ducking. Ein Thema und mindestens zehn Sessions. Mach dir kleine Notizen. So reflektierst und verbesserst du dich stetig. Ergänze langsam dein Werkzeug, aber nur wenn es auch wirklich notwendig ist. Eine gute Abhöre und ein vernünftiges Interface bringen dich weiter als das fünfte Kompressor-Plug-in.

Kollaboration und Feedback

Gute Ohren gibt es überall. Teile Versionen mit Verbündeten aus der Audio-Branche. Bitte um deren Feedback, um dich zu verbessern. Zusätzlich kannst du eine kleine Feedbackrunde gründen, z. B. in Form einer WhatsApp-Gruppe mit zwei bis drei vertrauten Personen. Wenn mehrere Hörer dieselben Probleme hören, weißt du, woran du noch arbeiten musst.

Archiv und Veröffentlichung

Speichere Rohspuren, Comp-Spuren, den finalen Mix und das Master an festen Orten. Notiere Samplerate, Bittiefe, verwendete Hallräume und besondere Ketten. Lege eine Textdatei mit Credits und Kontakt ab. Erzeuge Versionen für das jeweilige Medium wie z. B. Streaming oder CD, benenne diese sauber. Wenn du später nochmals an das Projekt musst, dankst du dir selbst.

Packe die finalen Daten eines Projektes in einen festen Ordner, diesen kannst du z. B. „Final" nennen. Darin liegen die Dateien, die du wirklich verschickst. Somit sparst du dir die Suche am Abgabetag.

Motivation und Realität

Nicht jeder Tag ist Gold. Manche Sessions sind nervig und bestehen größtenteils aus Aufräumen und Reparieren. Genau bei den Projekten, die nicht so viel Spaß machen, gewinnen deine Routinen. Wenn du mal festhängst, höre eine Referenz, mute alles außer Vocal, Kick, Snare und Bass und baue von dort neu auf. Versuche, dich nicht zu verrennen. Alternativ kannst du die Session schließen und es am nächsten Tag erneut probieren.

Musik braucht Zeit. Ein guter Mix ist die Summe kleiner, richtiger Entscheidungen.

Danke und Ausblick

Danke, dass du dieses Buch gelesen und die Workflows ausprobiert hast. Wenn du hier angekommen bist, arbeitest du bereits strukturierter und hörst bewusster. Ab jetzt werden deine Produktionen schneller stabil und deine Aufnahmen sauberer. Halte den Ablauf, verfeinere deine Ohren und teile deine Musik.

Bleib wissbegierig, bleib geordnet, bleib musikalisch, bleib ehrgeizig und du wirst ein großartiger Engineer.

Der Regieraum eines professionellen Tonstudios

Index

N

O

P

Q

R

S

T

V

W